# Medizinische Informatik und Statistik

Herausgeber: S. Koller, P. L. Reichertz und K. Überla

57

Hanns Ackermann

# Mehrdimensionale nicht-parametrische Normbereiche

## Methodologische und medizinische Aspekte

Springer-Verlag
Berlin Heidelberg New York Tokyo

**Autor**

Hanns Ackermann
Klinikum der Universität, Abteilung für Biomathematik
Theodor-Stern-Kai 7, 6000 Frankfurt 70

ISBN-13: 978-3-540-15214-9 e-ISBN-13: 978-3-642-70287-7
DOI: 10.1007/978-3-642-70287-7

CIP-Kurztitelaufnahme der Deutschen Bibliothek
Ackermann, Hanns:
Mehrdimensionale nicht-parametrische Normbereiche : methodolog. u. med. Aspekte /
Hanns Ackermann. - Berlin; Heidelberg; New York; Tokyo: Springer, 1985.
(Medizinische Informatik und Statistik; 57)

NE: GT



2145/3140 - 5 4 3 2 1 0

## Vorwort

"Normalcy is a vestigial concept left in medicine from its unscientific era." Dieser Satz des bekannten Medizintheoretikers E.A.Murphy aus dem Jahre 1966 gibt für eine Normbereichstheorie wenig Anlaß zur Hoffnung, trotzdem spielen in der wissenschaftlichen wie in der praktischen Medizin bis zum heutigen Tag Vorstellungen über "Normalität" eine herausragende Rolle. Die Versuche, "Normalität" durch "Norm"-Bereiche zu definieren, sind inzwischen glücklicherweise eher zu Raritäten geworden, andererseits hat sich auch eine nicht nur inter-, sondern auch intra-individuelle Betrachtungsweise durchgesetzt, denn, wie es Immanuel Kant formuliert, "ein jeder hat eine andere Art, gesund zu sein". Aus diesen unterschiedlichen Gesichtspunkten läßt sich auch bereits der Stellenwert der statistischen Normbereiche in der Medizin charakterisieren: Diese sollten dem diagnostizierenden Arzt Orientierungs- und Entscheidungshilfe bieten, keinesfalls aber als ein autonomes Beurteilungskriterium aufgefaßt werden.

Die Mathematische Statistik wurde durch eine Arbeit von W.A. Shewhart aus dem Jahre 1931 zu einer Untersuchung des Normalitätsbegriffes angeregt und beschäftigt sich seit der grundlegenden Arbeit von S.S. Wilks, die 1941 in den Annals of Mathematical Statistics publiziert wurde, eingehender mit dieser Thematik. Die Diskussion der Norm- oder Toleranzbereiche wurde seit diesen frühen Arbeiten von der in der Statistik bekannten Unterscheidung in parametrische und nicht - parametrische ("verteilungsfreie") Methoden geprägt. In der Medizin und Biologie scheint eine nicht - parametrische Betrachtungsweise, die auf Voraussetzungen spezieller Verteilungsformen verzichtet, eher angemessen zu sein als eine parametrische Behandlung, so daß die erstere Gegenstand der vorliegenden Abhandlung sein soll.

In den Kapiteln 2 bis 5 wird die Entwicklung und der Stand der Theorie der nicht - parametrischen Normbereiche zusammenfassend dargestellt. Die Kapitel 4 und 5 überschneiden sich zum Teil mit den Inhalten der Kapitel 1 und 6, die sich mit Fragen der medizinischen Anwendung der nicht - parametrischen Normbereiche auseinandersetzen. In allen Kapiteln finden sich Beispiele und Literaturhinweise, um den Zusammenhang zwischen "Theorie" und "Praxis" herzustellen und um die nachfolgenden Seiten nicht nur für die nur-mathematisch, sondern auch für die auch-medizinisch interessierten Leser/innen lesenswert zu gestalten.

Diese Monographie stellt den Stand und den vorläufigen Abschluß einer Untersuchung dar, die im Jahre 1975 von Professor Dr.math.stat. Klaus Abt initiiert wurde und bis in das Jahr 1980 Gegenstand zahlreicher Veranstaltungen des "Biostatistischen Workshops" des Klinikums der Johann Wolfgang Goethe-Universität Frankfurt war. Herrn Professor Abt gebührt an dieser Stelle Dank, das Thema der vorliegenden Schrift zur Verfügung zu stellen und die Entstehung dieser Arbeit zu ermöglichen.

Zwei langjährige Freunde und Kollegen haben mich bei der Abfassung des Manuskriptes tatkräftig unterstützt: Herr Dr.med. Dipl.-Math. Gerald Morawe hat mir durch seine ständige Diskussionsbereitschaft sehr geholfen, Herr Dipl.-Math. Wolfgang Kirsten hat das Manuskript aus seiner Sicht als Wahrscheinlichkeitstheoretiker gelesen und mit kritischen Anmerkungen versehen. Meine Frau Marion Kibbert-Ackermann hat als Philologin das ihrige beigetragen. Mein kleiner Sohn Felix wurde bereits in den ersten Tagen seines Hierseins mit bivariaten Normbereichen für Körpergröße und -gewicht Neugeborener behelligt und ließ dies alles mit wechselnder Geduld über sich ergehen. Allen Beteiligten darf ich für ihre Mühe und Nachsicht meinen ganz herzlichen Dank aussprechen!

Herrn Professor Dr.phil.nat. Berthold Schneider danke ich für eine kritische Durchsicht meiner Arbeit und für seine Anregungen, die auch zur endgültigen Gestaltung des Manuskriptes beigetragen haben.

Den Herausgebern der Reihe "Medizinische Informatik und Statistik", insbesondere Herrn Professor Dr.med. Karl Überla, bin ich für ihre Mühe und ihre Aufgeschlossenheit bei der Diskussion um die Verlegung des Manuskriptes zu Dank verpflichtet.

Hochheim, im Dezember 1984 | Hanns Ackermann

Inhaltsverzeichnis

## Verzeichnis der Abbildungen



## Verzeichnis der Tabellen

## 0. Einleitung

Jeder Arzt benutzt bei der Abklärung einer diagnostischen Fragestellung gewisse Vorstellungen über "Normalität". Die enge Verflechtung von quantitativen, qualitativen oder gar verbalen Befunden erschwert eine statistische Behandlung dieses Problems außerordentlich, was sich nicht zuletzt darin äußert, daß lediglich für quantitative Variablen akzeptable statistische Methoden zur Verfügung stehen: die damit angesprochene Theorie der statistischen "Normbereiche" stellt den zentralen Gegenstand dieser Abhandlung dar.

Herr Dr. med. F. Schulz aus der Endokrinologischen Ambulanz des Universitätsklinikums Frankfurt am Main hat freundlicherweise von ihm erhobene Daten, die Teil einer umfangreicheren Untersuchung sind, für die Zwecke dieser Einführung zur Verfügung gestellt. Diese Daten werden in Abbildung 1 graphisch wiedergegeben:

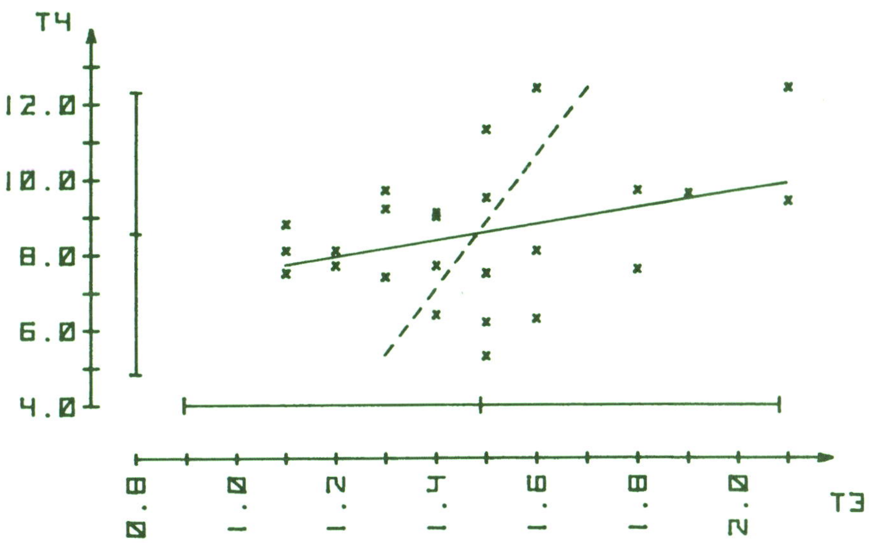


ABB. 1: VERTEILUNG VON N=25 WERTEPAAREN DER SCHILD - DRUESENHORMONE THYROXIN (T3) UND TRIJODTHYRONIN (T4)

Abbildung 1 zeigt die Verteilung von n=25 Wertepaaren der Schilddrüsenhormone Thyroxin (T3, gemessen in ng/ml) und Trijodthyronin (T4, gemessen in µg/dl). Möchte man diese n=25 Meßwerte zur Bestimmung eines bivariaten oder zweier univariater Normbereiche heranziehen, so sollten die Merkmalsträger sicher in jeder Hinsicht "gesund" sein: das vorliegende Kollektiv besteht aus Patientinnen und Patienten verschiedener Ambulanzen und verschiedener Diagnosen, die sich erst auf Grund der endokrinologischen Diagnostik als "schilddrüsengesund" heraustellen.

Die Frage nach einer "Stratifizierung" von Normbereichen, die auch eng mit dem Konzept der "Referenz - Bereiche" aus Abschnitt 6.1 zusammenhängt, wird in Abschnitt 6.4 behandelt. Die Notwendigkeit einer Unterscheidung von Subpopulationen kann sicher nur inhaltlich-medizinisch entschieden werden und ist aus statistischer Sicht nur von nachgeordnetem Interesse.

Die Probleme, die mit der Auswahl geeigneter Probanden bzw. Patienten zur Definition von Normbereichen einhergehen, sind jedem Kliniker vertraut; so wirft bereits die Bezeichnungsweise "Normbereich" aus medizinischer wie medizinphilosophischer Sicht eine Reihe von Schwierigkeiten auf, die aber hier nicht sehr eingehend behandelt werden. In den Abschnitten 1.1 bis 1.4 wird lediglich versucht, einen gewissen Einblick in die Problematik zu vermitteln. Vorläufig kann aber bemerkt werden, daß die Bezeichnung "Normbereich" hier aus historischen Gründen beibehalten wird, zumal ein Abschluß der terminologischen Diskussion noch nicht absehbar ist.

Den mathematisch - statistischen Gesichtspunkten des Normalitätsbegriffes wird seit Beginn dieses Jahrhunderts größere Beachtung geschenkt. Die seitdem entwickelten Methoden lassen sich, analog zu den statistischen Testverfahren, in zwei große Gruppen unterteilen: Die sogenannten parametrischen Verfahren gehen von bestimmten Verteilungsannahmen aus und unterstellen im allgemeinen das Vorliegen von Gauß - Verteilungen, während die sogenannten nicht-parametrischen Verfahren gänzlich auf solche Annahmen verzichten und sich somit auch eher für eine praktische Anwendung in der Medizin und Biologie eignen.

In Abbildung 1 werden diese Zusammenhänge graphisch erläutert. Parallel zu den Koordinatenachsen sind dort die beiden parametrischen Normbereiche nach Formel (0.1),

$$(0.1) \quad \bar{x} - t_{\pi,n-1}\sqrt{\frac{n+1}{n}}\cdot s \quad , \quad \bar{x} + t_{\pi,n-1}\sqrt{\frac{n+1}{n}}\cdot s$$

(vgl. zum Beispiel Proschan (1953) oder das Lehrbuch von Walter (1975)) mit $\pi = 0.95$ als Strecken skizziert. ($\pi$ ist der gewünschte Anteil der Population, der von den Grenzen des Normbereiches eingeschlossen werden soll. Die Wahl dieser "Überdeckung" $\pi$, hier mit $\pi = 0.95$, erscheint zunächst mehr oder minder willkürlich. In Abschnitt 6.2 wird eine problemabhängige Wahl von $\pi$ inhaltlich motiviert.) Eine Prüfung der Verteilungen mit dem Shapiro-Wilk-Test (Shapiro und Wilk (1965)) ergibt am angemessenen Signifikanzniveau $\alpha = 0.10$ für die Variable T3 eine signifikante Abweichung von einer Gauß - Verteilung, was sich auch in der Lage des entsprechenden Normbereiches äußert: bedingt durch die augenscheinliche Asymmetrie der T3 - Verteilung, enthält ein beachtlicher Teil des Bereiches keine Meßwerte, ein Ergebnis, das in dieser Form sicher nicht nur für den Mediziner, sondern auch für den Statistiker unakzeptabel ist. Diese Situation ist in der Medizin nicht unüblich, so daß vorzugsweise nicht - parametrische ("verteilungsfreie") Normbereiche bestimmt werden sollten, deren Theorie in Kapitel 2 in ihren wichtigsten Zügen zusammengefaßt wird. Diese Ergebnisse ermöglichen eine Abkehr von insbesondere der sehr elementaren "klassischen" parametrischen Methode der "$\bar{x}\pm 2s$" - Grenzen (deren Anwendung sich aber erstaunlicherweise bis heute hartnäckig erhalten hat) und auch von der Methode der Percentilenbestimmung, die im Univariaten wegen ihres nicht-parametrischen Charakters jedoch prinzipiell verwendbar ist. In Abschnitt 1.2 werden die Schwierigkeiten und statistischen Unzulänglichkeiten, die mit der Verwendung von parametrischen Verfahren, zum Beispiel den "$\bar{x}\pm 2s$" - Grenzen einhergehen, erläutert und es wird versucht, eine Verwendung von anspruchsvolleren Methoden, nämlich der der nicht - parametrischen Normbereiche, zu motivieren. Als nachteilig stellt sich dabei allerdings ein erhöhter Stichprobenumfangsbedarf heraus, worauf erst in Kapitel 4 näher eingegangen werden soll.

Leser/innen, die mit der Problematik der mehrfachen Nullhypothesenprüfung oder auch nur mit einfachen Rechenregeln für Wahrscheinlichkeiten vertraut sind, könnten weitere Einwände gegen das oben beschriebene Verfahren vorbringen. Wendet man beide Normbereiche (oder auch entsprechende nicht - parametrische Normbereiche) simultan zur Diagnose von Schilddrüsenerkrankungen an, so beträgt für einen "gesunden" Probanden die Wahrscheinlichkeit, mit seinen beiden Werten in beiden Normbereichen zu liegen, nur noch $\geq P^2$, im obigen Beispiel also $\geq 0.9025$. Entsprechendes gilt natürlich für den Fall von mehr als zwei Dimensionen. Eine multiple Anwendung von Normbereichen, die diesem Sachverhalt Rechnung trägt, wird in Abschnitt 1.4 und in Kapitel 5 diskutiert. Angemessener als eine multiple Anwendung von Normbereichen ist jedoch die Bestimmung von multivariaten Bereichen, wie in den Abschnitten 1.3 und 1.4 ausgeführt wird. Abbildung 1 macht dies offensichtlich: Bei einer multiplen Anwendung der beiden eindimensionalen Normbereiche muß man wegen der Korrelation der beiden Hormone (hier mit $p < 0.07$, angedeutet durch die beiden Regressionsgeraden) "leere Ecken" des multiplen Bereiches in Kauf nehmen, das heißt, es ist mit einem Anstieg des Risikos für falsch negative Entscheidungen zu rechnen. Dies kann durch eine Verwendung von multivariaten Bereichen vermieden werden. Es muß sicher nicht eigens betont werden, daß sich die Betrachtung multipler bzw. multivariater Normbereiche nicht auf den bivariaten Fall beschränkt, sondern durch Hinzunahme von weiteren Variablen, zum Beispiel des dritten in der Schilddrüse gebildeten Proteohormons Kalzitonin, auch höherdimensionale Bereiche konstruiert und angewendet werden können.

Wie bei Bock (1972) beschrieben wird, kann die differential-diagnostische Abklärung relevanter Schiddrüsenerkrankungen zum Beispiel eine Beurteilung eines Szintigramms, des Leberstoffwechsels oder verschiedener kardiologischer Parameter erforderlich machen. Aus medizinischen, statistischen oder auch praktischen Gründen entzieht sich eine solche Fragestellung sehr häufig einer konsequenten multivariaten Behandlung, so daß eine multiple, multivariate Beurteilung der Patientendaten in Erwägung zu ziehen ist: Faßt man die jeweils "organspezifischen" Parameter zusammen und bestimmt mehrere multivariate Normbereiche, so können diese im oben skizzierten Sinne in multipler Weise angewendet werden, um dem Diagnostiker eine Kontrolle der Mißklassifikationsraten zu gewährleisten. Diese Vorgehensweisen und die damit verbundenen Fragestellungen werden in Abschnitt 1.4 näher erläutert und anhand von Beispielen diskutiert.

Eine intuitive multiple oder gar multivariate Beurteilung von klinischen Variablen wird in der medizinischen Praxis tagtäglich durchgeführt, trotzdem ist es aber wünschenswert, eine mathematische Objektivierung dieser intuitiven Vorgehensweisen anzugehen. Die Kapitel 2, 3 und 5 haben die entsprechenden mathematisch-statistischen Inhalte zum Gegenstand. Dabei wird, wie in Kapitel 3 ausgeführt ist, besonderer Wert auf die Eigenschaft der Skalierungsinvarianz von Normbereichen gelegt, da diese Eigenschaft gerade in der Medizin bei einer simultanen Betrachtung von Variablen von einiger Bedeutung ist.

Mit der Darstellung von multiplen und/oder multivariaten Normbereichen soll aber in dieser Arbeit kein weiterer Ansatz zu einem statistischen Diagnosemodell versucht werden: die beschriebene Theorie kann, eventuell als Bestandteil eines umfassenden Diagnosemodells, nach Meinung des Autors nur einen nützlichen Beitrag liefern, den medizinisch postulierten Aussagen von Normbereichen auch unter statistischen Gesichtspunkten gerecht zu werden, um damit einer Quantifizierung und Objektivierung der Aussagen "gesund" und "krank" Hilfestellung zu leisten. Um sich des Vorwurfs einer in diesem Zusammenhang sicher unangebrachten einseitigen "positivistischen" Betrachtungsweise zu verwehren, sei an dieser Stelle auch auf das folgende Kapitel und auf Kapitel 6 verwiesen, vor allem aber auf Abschnitt 1.1, der sich, wenn auch nur heuristisch, mit der Frage der "Normalität" befaßt.

In Kapitel 6 werden einige Fragen behandelt, die mit der Planung einer Normbereichserhebung, der Dokumentation und der Anwendung dieser Bereiche verbunden sind. Diese Fragen sind eng mit der Thematik der übrigen Kapitel verknüpft, so daß auch bereits dort an geeigneten Stellen mehrfach anwendungsorientierte Gesichtspunkte zur Diskussion gestellt werden, die sich nur zum Teil in Kapitel 6 wiederfinden.

Zum Abschluß soll nochmals darauf hingewiesen werden, daß sich diese Abhandlung primär mit der mathematisch - statistischen Präzisierung des Begriffes "Normbereich" beschäftigt und deshalb die Behandlung der randliegenden Diskussionspunkte lediglich praktisch - pragmatischer Natur sein kann. Leser/innen, die an weitergehenden Überlegungen interessiert sind, finden sicher in der angegebenen Literatur einige hilfreiche Hinweise.

# 1. Nicht - parametrische Normbereiche für mehrere Variablen

In der Einleitung wurde versucht, die Fragestellung dieser Monographie anhand eines einfachen Beispiels und ohne unnötige Einzelheiten in aller Kürze zu umschreiben. Trotzdem soll, auch in Vorbereitung der nachfolgenden Kapitel, auf eine präzisere Darstellung nicht verzichtet werden: In diesem Kapitel werden die wichtigsten Begriffe aus der Einleitung aufgegriffen und unter Verwendung von zahlreichen Beispielen detaillierter und ausführlicher erläutert.

In Abschnitt 1.1 wird auf den zwar mathematisch nicht relevanten, aber medizinisch umso interessanteren Begriff der "Normalität" etwas näher eingegangen. Dabei wird aus ersichtlichen Gründen kein weiterer Definitionsansatz versucht, sondern es soll bereits hier auf das Konzept der "Referenz-Bereiche" (vgl. Abschnitt 6.1) verwiesen werden, das diese Begriffsbildung weitgehend vermeidet.

Die Diskussion der nicht - parametrischen Normbereiche wird in Abschnitt 1.2 fortgesetzt. Die beiden Abschnitte 1.3 und 1.4 knüpfen ebenfalls an die Einleitung an und befassen sich eingehender mit dem Konzept der multiplen und multivariaten Normbereiche.

Kapitel 6 schließt sich an die Inhalte des ersten Kapitels an, um die mathematische bzw. statistische Theorie weiter in den medizinischen Kontext einzubetten. Ein abschließendes Beispiel eines Analyse - Systems für Labordaten zeigt zusammenfassend die Problematik und die Praktikabilität von mehrdimensionalen Normbereichen auf.

## 1.1 Zum Begriff der "Normalität"

Schadewaldt (1977) zitiert zu Beginn einer medizinhistorischen Arbeit einen fast 2300 Jahre alten Satz des alexandrinischen Arztes Herophilos: "Wo Gesundheit fehlt, kann Weisheit nicht offenbar werden, Kunst kann keinen Ausdruck finden, Stärke kann nicht kämpfen, Reichtum wird wertlos und Klugheit kann nicht angewandt werden.". In der Tat ist die Beschäftigung mit dem Gesundheits- und dem Krankheitsbegriff schon sehr alt, und bereits in der Sanskrit- und in der altchinesischen Medizin, besonders aber um 600 v. Chr. in Griechenland, finden sich erste, vom heutigen Verständnis her wissenschaftlich ernstzunehmende Auseinandersetzungen mit diesen Problemen. Schadewaldt bringt einen sehr umfassenden Überblick über die historische Entwicklung der Diskussion und erwähnt, daß schon in der antiken Medizin die Bedeutung einer "Grauzone" zwischen "gesund" und "krank" erkannt wurde, so daß diese sogar mit einer eigenen Bezeichnung belegt wurde, die "Idiosynkrasie". Diese Grauzone, die letztlich in der Kontinuität der meisten biologischen Phänomene begründet ist, hat eine klare definitorische Trennung der These "Gesundheit" von ihrer Antithese "Krankheit" bis zum heutigen Tag erschwert, vielleicht sogar unmöglich gemacht, was sich auch in den Definitionsversuchen der aktuellen Literatur widerspiegelt. Der Physiker und Philosoph C.F. von Weizsäcker charakterisiert die Situation sehr treffend: "Trennen ist eine dem menschlichen Geist notwendige Operation, aber alle bloße Trennung ist künstlich." (zit. nach Gross und Wichmann (1979)).

Die Auffassung, daß Gesundheit die Abwesenheit von Krankheit darstellt (zum Beispiel bei Pequinot (1961)), ist sicher sehr schlicht, zumal keine komplementäre Definition von "Krankheit" vorzuweisen ist. Ähnliches gilt für eine Formulierung von Cochrane und Elwood (1969), die Normalität als die obere Grenze auffassen, unterhalb derer eine Behandlung mehr schadet als nützt.

Sigmund Freud bezeichnet Gesundheit als die Fähigkeit, "lieben und arbeiten" zu können und erinnert damit daran, daß neben einer somatischen auch eine psychische Komponente zur Definition von "Gesundheit" zu berücksichtigen ist. Die WHO - Definition fordert bekanntermaßen körperliches, seelisches und soziales Wohlbefinden und bringt dadurch zusätzliche gesellschaftspolitische Gesichtspunkte ins Spiel, kann aber deshalb nur als eine "Zielvorstellung oder sogar eine Utopie" (Gross und Wichmann (1979)), nicht aber als eine Definition aufgefaßt werden.

Eine recht bemerkenswerte Formulierung stammt von Leriche (zitiert in Canguilhem (1977)), der von Gesundheit bei einem "Leben im Schweigen der Organe" spricht.

Murphy (1966,1972,1973) und Murphy und Abbey (1967) zeigen, daß man eine ganze Anzahl von verschiedenen Bedeutungen von "normal" unterscheiden muß. Feinstein (1974) teilt diese in zwei große Gruppen ein: Einerseits können einzelne Variablen isoliert betrachtet werden, andererseits kann aber auch die "Korrelation" von klinischen Variablen das eigentlich interessierende Merkmal darstellen. Die Betrachtung der "Korrelationen" erinnert an die nachfolgenden, kybernetisch orientierten Definitionsansätze (aber auch an das Problem der multivariaten Normbereiche).

Büchner, Letterer und Roulet (1969) postulieren zur Definition von Gesundheit ein geordnetes Zusammenspiel von Funktionsabläufen. Eine verwandte Betrachtungsweise findet sich bei Murphy (1976): "Was sinnvoll funktioniert und dies auch in Zukunft tun dürfte ... ". Gross und Wichmann (1979) definieren Normalität als "die koordinierte Funktion aller Organe" und versuchen damit, die neueren kybernetischen und homoiostatischen Aspekte zu würdigen.

Angesichts der definitorischen Schwierigkeiten wurde von verschiedenen Autoren mehrfach vorgeschlagen, den Term "normal", der, wie Feinstein (1974) glaubt, nur Verwirrung stiftet, durch eine andere Bezeichnung zu ersetzen. Für die klinische Chemie wurde die Ersetzung von "Normalwerte" durch "Standardwerte" (Albritton (1952)), durch "Referenzwerte" (Gräsbeck und Saris (1969), Saris (1979)) oder auch durch "klinische Grenzen" (Elveback, Guillier und Keating (1970)) vorgeschlagen. Schneider (1960) möchte den Begriff "normal" durch den Term "üblich" ersetzt sehen. Dieser Vorschlag harmoniert zwar mit der etymologischen Wurzel von "Norm", da das lateinische "norma" gerade "die Regel", "die Vorschrift" oder auch "das Übliche" bedeutet, ist aber nur insofern hilfreich, da eine sprachliche Unsitte deutlich wird. Die beiden Begriffe "normal" (oder auch "üblich") und "gesund" dürfen sicher nicht ohne weiteres identifiziert werden: gewisse Symptome mögen bei einer bestimmten Erkrankung zwar "üblich" oder auch "normal" sein, sind aber wohl im allgemeinen keineswegs Ausdruck von "Gesundheit". Dieser Gesichtspunkt ergänzt sich durch die Tatsache, daß sich einem Untersucher, zum Beispiel auf Grund von pathogenen Umwelteinflüssen, zwar sehr oft ein Eindruck des "Üblichen", nicht aber des "Gesunden" vermittelt. Ein Beispiel hierfür stellen etwa erhöhte Cadmium- oder Bleigehalte in der Niere oder Leber dar, die zwar mittlerweile "üblich", aber, trotz WHO-Höchstwerten, nicht "gesund" sind.

Die Begriffe "normal" und "gesund" werden (nicht nur) in dieser Abhandlung recht großzügig ausgetauscht, was aber medizinkundigen Leser/innen keine Schwierigkeiten bereitet. Die mathematische Theorie ist, wie Kapitel 2 zeigt, von den diskutierten definitorischen und terminologischen Fragen nicht weiter belastet: Ein statistischer "Norm"-Bereich überdeckt mit einer Sicherheit P einen gewissen Anteil $\pi$ einer, vielleicht fiktiven, Population. Diese sehr neutrale, für mathematische Sachverhalte formulierte Definition, die durchaus für die oben zitierten Umbenennungen Pate gestanden haben könnte, löst natürlich nicht die inhaltlich-medizinischen Probleme, kann aber dazu beitragen, statistische Normbereiche in einem realistischeren Licht zu sehen und eine kritische Anwendung dieser Methoden als diagnostische Hilfsmittel in der Medizin zu fördern.

Nach diesem kurzen und sicher unvollständigen Abriß soll an dieser Stelle keine weitere Definition von "Gesundheit" hinzugefügt werden, zumal bereits Friedrich Nietzsche warnt: "Denn eine Gesundheit an sich gibt es nicht, und alle Versuche, ein Ding derart zu definieren, sind kläglich, mißraten."

In Hinblick auf die Anwendung von Normbereichen auf medizinische Sachverhalte ergeben sich einige weitere Aspekte, die aber eher praktischer Natur sind und deshalb erst in Kapitel 6 behandelt werden.

## 1.2 Nicht - parametrische Normbereiche

In der Medizin ist es üblich, Normbereiche für quantitative Variablen durch sogenannte "$\overline{x} \pm 2s$" - Bereiche oder durch parametrische Normbereiche anzugeben. Eine Bestimmung solcher Bereiche unterstellt im allgemeinen, daß die Daten, die zur Berechnung der Normbereichsgrenzen verwendet werden, einer Gauß - Verteilung entstammen. Feinstein (1977) bemerkt dazu, daß Normalität "wenig mit der an den Namen von Gauß geknüpften Verteilung zu tun hat"; bei näherer Betrachtung des Problems stellt man fest, daß für kaum eine, vielleicht sogar für gar keine medizinische Variable eine Gauß - Verteilung angenommen werden kann. Zur Stützung dieser Behauptung kann die Arbeit von Elveback, Guillier und Keating (1970) genannt werden, die in einer praktischen Untersuchung von Laborwerten zeigen, daß für die Mehrheit der von ihnen betrachteten Variablen keinesfalls eine Gauß-Verteilung denkbar ist.

Im Unterschied zu der Situation in der parametrischen Teststatistik spielt bei der Bestimmung von Normbereichen die strenge Forderung der Gauß - Verteilung eine besondere Rolle. Die parametrische Statistik kann diese Voraussetzung, zum Beispiel auf Grund des Zentralen Grenzwertsatzes etwas abschwächen und sich auf die Forderung nach "angenäherten Gauß - Verteilungen", das heißt angenähert eingipfligen und symmetrischen Verteilungen beschränken; vgl. dazu etwa Ackermann (1983c). Die Theorie der Normbereiche beschäftigt sich aber mit der Verteilung von Einzelwerten und ist damit in Strenge auf die Einhaltung aller Voraussetzungen, insbesondere der der Verteilungsformen, angewiesen. Bei Ackermann (1983b) finden sich einige anschauliche Beispiele, die einen Eindruck über die Art und Größe des Fehlers bei schiefen Verteilungen vermitteln. In der gleichen Arbeit finden sich auch einige Bemerkungen zu der statistisch unsinnigen Verwendung von "$\overline{x} \pm 2s$" - Grenzen.

Bei zum Beispiel Wilks (1941), Wald und Wolfowitz (1946) und bei Proschan (1953) werden parametrische, eine Gauß - Verteilung voraussetzende Methoden zur Bestimmung von Normbereichsgrenzen diskutiert, die mit einer Sicherheit P einen gewissen Anteil $\pi$ einer Population überdecken. Auf diese und andere parametrische Verfahren, die nicht mit Notwendigkeit eine Gauß - Verteilung voraussetzen, soll hier nicht eingegangen werden. Literaturhinweise finden sich reichlich in der Bibliographie von Jílek (1981).

Nicht - parametrische Normbereiche verzichten auf Annahmen über die zugrunde liegende Verteilung der Daten (eine präzisere Definition folgt in Abschnitt 2.1) und können somit auch dann angewendet werden, wenn, wie dies in der Medizin der allgemeine Fall ist, keine Gauß - Verteilung der gemessenen Werte anzunehmen ist. Die Allgemeinheit der Anwendungsmöglichkeiten der nicht - parametrischen Verfahren muß aber, im Vergleich zu parametrischen Methoden, mit einigen Nachteilen erkauft werden, zum Beispiel mit dem Nachteil von mitunter beachtlichen Stichprobenumfängen. Weiter unten wird an geeigneten Stellen auf solche Gesichtspunkte hingewiesen.

Die Grundlagen der Theorie der nicht - parametrischen Normbereiche wurden von Thompson (1936,1938) und insbesondere von Wilks (1941) gelegt. Thompson beschäftigt sich mit Punkt- und Intervallschätzungen von Percentilen. Die Arbeit von Wilks stellt den vielleicht wichtigsten Meilenstein in der Entwicklung der nicht - parametrischen (und sogar der parametrischen ! ) Normbereiche dar und erlaubt eine recht flexible und mathematisch befriedigende Definition von Normbereichen, wie in Abschnitt 2.2 zusammengefaßt dargestellt wird. Thompson (1938), Herrera (1958) und Elveback und Taylor (1969) diskutieren Anwendungen dieser Methoden in der Medizin und Biologie.

## 1.3 Multivariate Normbereiche

Die im letzten Abschnitt zitierten Arbeiten können zur Bestimmung von parametrischen und von nicht-parametrischen, univariaten Normbereichen herangezogen werden, das heißt, es können jeweils nur die Werte von genau einer medizinischen Variablen in die Berechnung eingehen. In vielen Situationen ist unter Umständen eine univariate Betrachtung ausreichend, so daß also nur jeweils eine Variable isoliert untersucht wird, andererseits kann aber auch gerade die "Korrelation" zwischen zwei oder mehreren Variablen von Interesse sein. Eine entsprechende multivariate Betrachtung wurde bereits in Abschnitt 1.1 durch die Feinstein'sche Kategorisierung der verschiedenen Normalitätsbegriffe in "isolierte" und "korrelierte" Bedeutungen angesprochen und auch in den aufgeführten kybernetisch orientierten Definitionsversuchen implizit gefordert. Unter einer "multivariaten Betrachtungsweise" darf man nicht nur das simultane Berücksichtigen mehrerer Variablen verstehen (dies entspricht der "multiplen Betrachtungsweise" des nächsten Abschnittes), sondern, darüber hinaus, auch das Erfassen der Korrelationen zwischen allen simultan vorliegenden Variablen. In Kapitel 3 werden diese Diskussionen von "multivariat" wieder aufgegriffen und Konstruktionsverfahren für entsprechende mehrdimensionale Normbereiche beschrieben.

Multivariate Normbereiche bieten die Möglichkeit, zu einer diagnostischen Fragestellung relevante klinische Variablen zu Gruppen zusammenzufassen, um auch dem inneren Zusammenhang zwischen diesen Variablen gerecht zu werden; zum Beispiel kann in der Leberdiagnostik ein vierdimensionaler Normbereich für Bilirubin, die Alkalische Phosphatase und die Transaminasen GOT und GPT von Interesse sein. Weitere Anwendungsmöglichkeiten ergeben sich durch die Ersetzung von Quotienten oder Indices (De-Ritis-Quotient OT/PT, Sokolow-Index $R_1 + S_6$) durch zwei- oder eventuell höherdimensionale Bereiche, die, im Gegensatz zu der univariaten Behandlung, nicht mit einem Informationsverlust verbunden sind.

Van Eimeren (1972) demonstriert diese Problematik sehr anschaulich am Beispiel von zweidimensionalen Normbereichen für den systolischen und den diastolischen Blutdruck bei Frauen verschiedener Altersklassen. Van Eimeren bestimmt parametrische Normbereiche, die einen Anteil von $\pi = 0.95$ der jeweils zugrunde liegenden Population überdecken sollen. In Abbildung 2 werden zwei dieser parametrischen Normbereiche für zwei ausgewählte Altersklassen dargestellt.

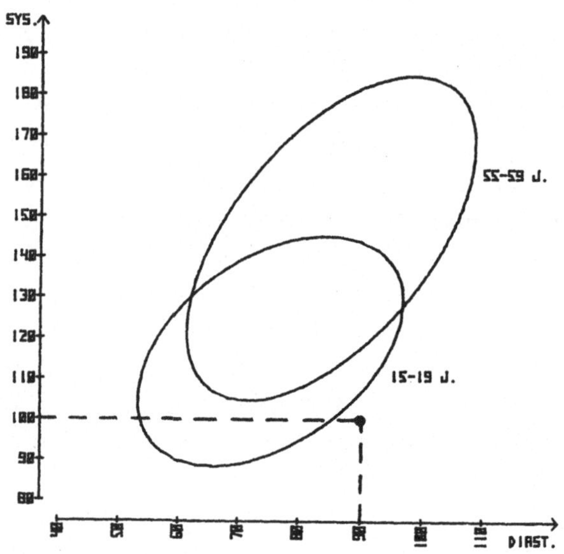


ABB. 2: PARAMETRISCHE NORMBEREICHE FUER DEN SYSTOLISCHEN UND DEN DIASTOLISCHEN BLUTDRUCK BEI FRAUEN (MODIFIZIERT NACH VAN EIMEREN (1972))

Eine Patientin aus der jüngeren Altersklasse möge einen systolischen Blutdruck von 100 mmHg und einen diastolischen Blutdruck von 90 mmHg aufweisen. Die Patientin würde, zweimal univariat betrachtet, als "normal", bivariat gesehen als "krank" eingestuft werden. An diesem Beispiel wird auch deutlich, daß durch die multivariaten Verfahren die intuitive Fähigkeit des Diagnostikers, einige Variablen gegeneinander abzuwägen, formalisiert und sogar quantifiziert werden kann.

Zur Bestimmung von parametrischen Normbereichen kann zum Beispiel auf die Arbeiten von Fraser und Guttman (1956), Guttman (1970a,b), van Eimeren (1972) oder auf das Buch von Tatsuoka (1971) zurückgegriffen werden. In der Bibliographie von Jílek (1981) finden sich viele weitere Literaturhinweise. Kapitel 3 hat das Gebiet der multivariaten, nicht-parametrischen Normbereiche zum Gegenstand, die auch das eigentliche Thema dieser Abhandlung darstellen.

## 1.4 Multiple uni- und multivariate Normbereiche

In der medizinischen Praxis ist man sicher selten in der glücklichen Lage (oder besser: glücklicherweise selten in der Lage), auf Grund von nur einem Normbereich, sei er uni- oder multivariat, eine diagnostische Entscheidung zu treffen. Selbst wenn man von verbalen oder qualitativen Befunden absieht, ist eine simultane Beurteilung von mehreren Normbereichen die Regel. Im letzten Abschnitt wurde versucht, eine Verwendung von multivariaten Normbereichen zu motivieren, und davon überzeugte Leser/innen könnten deshalb auch vermuten, daß man für alle denkbaren relevanten Variablen einen einzigen, hochdimensionalen Normbereich konstruieren sollte und dieser für die diagnostische Entscheidung Anwendung findet. Dem stehen aber einige Einwände entgegen:

Ein erster Einwand ist rein formaler Natur und betrifft die zur Konstruktion von multivariaten Normbereichen erforderlichen Stichprobenumfänge. Kapitel 4 beschäftigt sich mit der Stichprobenumfangsplanung und zeigt, daß der Dimensionalität eines multivariaten Normbereiches sehr rasch natürliche Grenzen gesetzt sind. Nach Lektüre des 4. Kapitels ist dies ohne weiteres einsichtig und kann hier zunächst übergangen werden; weitaus wichtiger ist jedoch ein inhaltlicher Einwand.

Zur Konstruktion eines multivariaten Normbereiches sollten nur Variablen verwendet werden, die möglichst von gleicher medizinischer bzw. diagnostischer Bedeutung sind, da, wie sich aus den Kapiteln 2 und 3 ergeben wird, die verschiedenen Dimensionen als völlig gleichwertig behandelt werden müssen. Damit verbietet sich offensichtlich die Konstruktion und Anwendung eines Normbereiches, der "alle denkbaren" Variablen erfaßt, sondern es sollten nur solche Bereiche Verwendung finden, die auf der Basis von "sinnvoll" ausgewählten klinischen Variablen definiert werden. Univariate Normbereiche sind von dieser Fragestellung naturgemäß nicht betroffen und können zur Abklärung der unterschiedlichsten Diagnosen verwendet werden, bei mehrdimensionalen Bereichen bereitet eine "sinnvolle" Auswahl von Variablen aber bereits bei den relativ trivialen

Diagnosen "gesund" und "krank" erhebliche Schwierigkeiten (der/die Leser/in möge diese Formulierung in Kenntnis der Diskussion aus Abschnitt 1.1 entschuldigen). Selbst bei "Gesundheit" sind nicht alle medizinischen Variablen von gleicher Bedeutung, umso mehr muß man bei Verdacht auf spezielle Erkrankungen von unterschiedlichen Wichtungen der untersuchten Variablen ausgehen. Diese Wichtungen wiederum hängen davon ab, für welche Erkrankung ein nicht - normaler Wert einer Variablen als Indikator aufgefaßt wird, oder wie die therapeutischen Möglichkeiten beschaffen sind, die beim Stand der Medizin zur Verfügung stehen: Existierte eine erfolgreiche Therapie zur Behandlung der chronischen Pankreatitis, so wären die Werte der Lipase, Amylase etc. vielleicht von minderer Wichtigkeit, andererseits erfährt die Variable "Körpertemperatur" eine unterschiedliche Wichtung, wenn man nicht nur die trivialen Diagnosen "gesund" und "krank", sondern, um extreme Beispiele zu nennen, einen banalen Infekt oder einen Verdacht auf eine leukämische Erkrankung abklären möchte.

Aus dieser Darstellung ergibt sich zwanglos die Folgerung, unter medizinischen Gesichtspunkten und in Hinblick auf bestimmte Diagnosen klinische Variablen zusammenzufassen und so der Forderung nach einer gleichen Wichtung der einen multivariaten Normbereich tragenden Variablen nachzukommen. Auf diese Weise kann man eine Anzahl von Normbereichen unterschiedlicher Dimensionalität zusammenstellen, die, nach wie vor, "simultan" beurteilt werden müssen. Diese Situation ist formal mit dem Problem der "Multiplen Tests" aus der statistischen Testtheorie identisch, weswegen im Titel dieses Abschnittes eine korrespondierende Bezeichnung gewählt wurde.

Ein formales und unkritisches Vorgehen bei der simultanen Beurteilung von mehreren Normbereichen führt zu einer unkontrollierten Vergrößerung des Risikos für falsch positive Entscheidungen, wie Murphy (1976) anschaulich demonstriert. Betrachtet man n Normbereiche, die jeweils einen Anteil $\pi = 0.95$ der Population überdecken mögen, so beträgt, im Grenzfall der vollkommenen Unabhängigkeit der n Normbereiche, die Wahrscheinlichkeit P, daß ein gesunder Proband mit seinen Werten innerhalb aller n Bereiche liegt, gerade $P = \pi^n = 0.95^n$. Die folgende Tabelle 1 gibt über die Wahrscheinlichkeiten für einige Werte von n Aufschluß.

| n | P |
|---|---|
| 1 | 0.9500 |
| 2 | 0.9025 |
| 5 | 0.7738 |
| 20 | 0.3585 |
| 100 | 0.0059 |

Tabelle 1: Wahrscheinlichkeiten fuer 'richtig negative' Entscheidungen bei multipler Anwendung von Normbereichen.

In Ergänzung zu Abschnitt 1.1 ergäbe sich damit eine interessante Definition von Gesundheit: "Gesund ist eine Person, die nicht genügend untersucht wurde ... " (Murphy (1976)).

Die Frage der multiplen Normbereiche muß, wie auch das Murphy'sche Beispiel zeigt, unter dem Gesichtspunkt der Kontrollierung der Risiken für falsch positive und für falsch negative Entscheidungen betrachtet werden. In Kapitel 5 wird diese Thematik diskutiert und es werden Zusammenhänge zu der mehrfachen Nullhypothesenprüfung aus der Teststatistik aufgezeigt.

## 1.5 Zusammenfassung

Die vorliegende Abhandlung beschäftigt sich mit "multivariaten, nicht-parametrischen, skalierungsinvarianten Normbereichen" und deren multipler Anwendung im medizinischen Bereich. Eine multivariate Betrachtung von klinischen Variablen dient der Erfassung von Zusammenhängen ("Korrelationen") zwischen den untersuchten Variablen. Die Eigenschaft "nicht-parametrisch" befreit von einer Festlegung auf bestimmte statistische Verteilungen, die, als Modell, in der Medizin und Biologie ohnehin nicht ohne weiteres definierbar sind. Die "Skalierungsinvarianz" stellt eine mathematische Eigenschaft dar und gewährleistet, daß eine Normbereichskonstruktion unabhängig von der Art der betrachteten Variablen und ihrer Skalierung äquivalente Normbereiche ergibt. Eine Beachtung des "multiplen" Charakters der Anwendung von Normbereichen erlaubt eine Kontrolle der Risiken für falsch positive und für falsch negative Entscheidungen. Der Begriff "normal" bedarf nach wie vor einer abschließenden Definition und wird in dieser Arbeit überblicksweise diskutiert.

Die beschriebene Theorie stellt kein eigenständiges diagnostisches Verfahren dar, zumal hier weder verbale und qualitative Befunde Berücksichtigung finden noch die Struktur des ärztlichen Diagnoseprozesses untersucht wird. Dazu sei auf die Übersichtsarbeit von Tautu und Wagner (1978) und auf die Bibliographie von Wagner, Tautu und Wolber (1978) verwiesen, die sich mit weitergehenden Fragen des medizinischen Diagnoseprozesses auseinandersetzen. Als Beispiel für eine mögliche Anwendung der Theorie der nicht-parametrischen und multivariaten Normbereiche wird ein Labordaten-Analysesystem von Grams, Benson und Johnson (1972) skizziert und der Stellenwert der Theorie in einem solchen umfassenden Rahmen zur Diskussion gestellt.

## 2. Mathematische Grundlagen

In diesem Kapitel soll nach einem kurzen terminologischen Exkurs die Theorie der nicht - parametrischen Normbereiche in einer möglichst einheitlichen Terminologie in ihren wichtigsten Entwicklungsstufen dargestellt werden. Dabei muß zwangsläufig auf viele Einzelheiten verzichtet werden; die Darstellung dieses Kapitels beschränkt sich darüberhinaus fast ausschließlich auf den für die Entwicklung der statistischen Grundlagen wichtigsten Zeitraum der vierziger und fünfziger Jahre dieses Jahrhunderts. Einige Lücken können aber leicht mit Hilfe der angeführten Literaturhinweise und der 272 Titel umfassenden Bibliographie von Jílek (1981) geschlossen werden. Leserinnen und Leser, die weniger an der historisch-statistischen Entwicklung als um so mehr an der medizinisch-praktischen Anwendung von nicht - parametrischen Normbereichen interessiert sind, können den Abschnitt 2.2 dieses Kapitels ohne weiteres überschlagen und ihre Lektüre mit Kapitel 3 fortsetzen.

Die Beweise der angegebenen Theoreme und Lemmata werden mit Ausnahme des Lemmas von Wilks (1941), des Theorems von Kemperman (1956) und eines aus der Arbeit von Paulson (1943) abgeleiteten Ergebnisses nicht explizit aufgeführt. Das Lemma 2.1 bzw. das Theorem 2.1 von Wilks (1941) ist als Ursprung der Entwicklung von grundsätzlicher Bedeutung, andererseits aber auch für den Beweis des Kemperman'schen Theorems 2.6 notwendig. Dieses Theorem stellt die Basis für die Diskussion in Kapitel 3 dar und wird in seinen wesentlichen Einzelheiten ebenfalls in Abschnitt 2.2 ausgeführt. Die übrigen Theoreme bzw. deren Beweise kann man, wenn auch in Rücksichtnahme auf die Kürze dieser Darstellung in recht unhistorischer Weise, ohne weiteres aus dem letzteren ableiten.

Einzelheiten der Beweise, insbesondere zu den Theoremen 2.2 bis 2.5 aus Abschnitt 2.2, können aus der Originalliteratur und/oder aus der sehr umfassenden Darstellung von Guttman (1970b) entnommen werden, die allerdings auf das hier zentrale Theorem von Kemperman nicht weiter eingeht. Guttman beschreibt in seiner Monographie neben verteilungsfreien Normbereichen auch Bereiche, die auf bestimmten Verteilungsannahmen (zum Beispiel auf der Annahme von uni- oder multivariaten Gauß - Verteilungen) beruhen, außerdem auch einen Bayes'schen Ansatz zur Konstruktion von Normbereichen (vgl. dazu auch die neuere Arbeit von Breth (1979)), was aber beides nicht Gegenstand der vorliegenden Betrachtung sein soll.

## 2.1 Terminologie und Definitionen

Es sei $\Omega$ eine Menge und $\mathcal{A}$ eine $\sigma$-Algebra in $\Omega$. Das Paar $(\Omega, \mathcal{A})$ heißt Meßraum. Ist $\mu$ ein Wahrscheinlichkeitsmaß mit $\mu(\Omega) = 1$, so heißt das Tripel $(\Omega, \mathcal{A}, \mu)$ ein Wahrscheinlichkeitsraum.

Ist $(\Omega, \mathcal{A}, \mu)$ ein Wahrscheinlichkeitsraum und $(\Omega', \mathcal{A}')$ ein Meßraum, so heißt jede meßbare Abbildung $X: \Omega \to \Omega'$ $(\forall A' \in \mathcal{A}': X^{-1}(A') \in \mathcal{A})$ eine Zufallsvariable. Wählt man für X die Identität und setzt $(\Omega, \mathcal{A}) = (\mathbb{R}^p, \mathcal{B}^p)$, so läßt sich, zunächst für p=1, die Verteilungsfunktion F mit

$$(2.1) \quad F(x_o) = \mu\{x \mid x < x_o\}$$

definieren. Eine analoge Definition für $p > 1$ ist in expliziter Form recht unhandlich und kann für das Folgende übergangen werden. Die Zufallsvariable X heißt stetig, wenn F stetig ist.

Ein Normbereich ist eine Funktion $S: \Omega^n \to \mathcal{A}$ von Zufallsvariablen $X_i$ $(i=1,2,\ldots,n)$ und nimmt Werte in $\mathcal{A}$ an.

$$(2.2) \quad U(S) = \mu\{S(X_1, X_2, \ldots, X_n)\}$$

heißt Überdeckung des Normbereiches S und ist ebenfalls eine Zufallsvariable. S heißt nicht-parametrisch oder verteilungsfrei, wenn die Verteilung der Überdeckung U(S) unabhängig von dem zugrundeliegenden Wahrscheinlichkeitsmaß $\mu$ ist.

Ein Normbereich heißt Normbereich mit $\pi$-Erwartung, wenn

$$(2.3) \quad E[\,U(S)\,] = \pi$$

und Normbereich mit $\pi$ - Inhalt, wenn

$$(2.4) \quad P[\ U(S) \geq \pi\ ] = \alpha \quad .$$

Wählt man einen "großen" Wert von $\alpha$ $(1 > \alpha > 0.5)$, so besitzt der Normbereich "äußere" Grenzen, überdeckt also mit der Konfidenz $\alpha$ mindestens den Anteil $\pi$ des Raumes $\Omega$. Für einen "kleinen" Wert von $\alpha$ $(0.5 > \alpha > 0)$ erhält man nach äquivalenter Umformung Normbereiche mit "inneren" Grenzen,

$$(2.5) \quad P[\ U(S) \leq \pi\ ] = 1 - \alpha \quad ,$$

die mit der Konfidenz $1 - \alpha$ einen Anteil von höchstens $\pi$ des Raumes $\Omega$ überdecken.

Die bisherigen Definitionen dieses Abschnittes folgen denen aus Bauer (1974), Gibbons (1971), Guttman (1970b) und Mood, Graybill und Boes (1974). In Übereinstimmung mit diesen Lehrbüchern soll auch hier nach Möglichkeit eine Zufallsvariable mit großen Buchstaben, zum Beispiel X, und deren Realisationen mit korrespondierenden kleinen Buchstaben, zum Beispiel x, bezeichnet werden.

In der in dieser Monographie zitierten Literatur (und sicher nicht nur dort) herrscht eine allgemeine terminologische Konfusion, die die Definition von Fraktilen von Wahrscheinlichkeitsverteilungen (zum Beispiel der $\chi^2$- oder der Beta - Verteilung) betrifft. Betrachtet man eine Zufallsvariable X, die der Dichtefunktion f(x) folgt, so wird hier die Bezeichnung

$$(2.6) \quad P(X \leq x_0) = \int_{x \leq x_0} f(x)\,dx$$

verwendet; zum Beispiel wird mit $P(\Phi \leq \varphi_\alpha) = \alpha$ derjenige Wert $\varphi_\alpha$

charakterisiert, der von einer Gauß - verteilten Zufallsvariablen $\Phi$ mit der Wahrscheinlichkeit $\alpha$ nicht überschritten wird. Durch diese einheitliche Bezeichnungsweise ergeben sich zwangsläufig, besonders in Kapitel 4, einige Abweichungen von der Originalliteratur.

In der Theorie der Rangordnungsverfahren spielen die Binomial- und die Multinomialverteilung, und damit wegen des bekannten Zusammenhanges auch die unvollständige Beta - Verteilung eine zentrale Rolle. Dazu sei auf das Lehrbuch "Order Statistics" von H.A. David (1970) verwiesen. Die unvollständige Beta - Verteilung wird, der Pearson'schen Notation folgend, mit $I_\pi(p,q)$ bezeichnet:

$$(2.7) \qquad I_\pi(p,q) = \int_0^\pi \frac{\Gamma(p+q)}{\Gamma(p)\cdot\Gamma(q)} \cdot u^{p-1} \cdot (1-u)^{q-1}\, du \qquad .$$

Die Zusammenhänge zu der Theorie der nicht - parametrischen Normbereiche sind leicht aus Lemma 2.1 und aus dessen Beweis ersichtlich; vgl. dazu Abschnitt 2.2.

Das Ende eines Lemmas, eines Theorems, eines Beweises und eines Konstruktionsverfahrens wird in diesem und den folgenden Kapiteln mit dem Symbol "$\diamond$" am rechten Rand gekennzeichnet.

## 2.2 Entwicklung der Theorie

Erste Ansätze zur Berechnung von nicht - parametrischen Normbereichen zeichnen sich bereits 1931 in der technischen Statistik bei Shewhart ab, auf den das Konzept der Normbereiche mit $\pi$ - Inhalt zurückgeht (vgl. Definition (2.4) in Abschnitt 2.1). Bei Thompson (1936, 1938) finden sich unter Gesichtspunkten erster biologisch-medizinischer Anwendungen konkrete Überlegungen zur Definition nicht - parametrischer Normbereiche, die, wie die nachfolgend diskutierten Arbeiten dieses Abschnittes, auf der Idee der Rangordnung von Zufallsvariablen beruhen.

In den Arbeiten von Wilks (1941, 1942) findet sich eine erste mathematisch befriedigende Lösung für den univariaten Fall, das heißt für $\Omega = \mathbb{R}^1$. Wilks zeigt, daß nicht - parametrische Normbereiche bei Vorliegen von stetigen Verteilungsfunktionen F mit Hilfe von Ordnungsstatistiken bestimmt werden können; Robbins (1944) zeigt, daß dies nur mit Ordnungsstatistiken möglich ist. Rasch (1976) stellt diese Ergebnisse in einem verbindenden Satz dar.

Es sei nun $F(x)$ eine beliebige, aber stetige Verteilungsfunktion, $f(x)$ eine stetige Dichtefunktion mit $F'(x) = f(x)$ und $X_1, X_2, \ldots, X_n$ eine Folge von identisch verteilten Zufallsvariablen $X_i$ mit Werten im Raum $\mathbb{R}$ der reellen Zahlen.

### Konstruktion 2.1

Es sei $X_{(1)}, X_{(2)}, \ldots, X_{(n)}$ eine geordnete Folge von Zufallsvariablen mit $X_{(i)} < X_{(i+1)}$ für $1 \leq i \leq n-1$. (Eine Gleichheit von Zufallsvariablen kann zunächst wegen der vorausgesetzten Stetigkeit ausgeschlossen werden.) Dann kann ein Normbereich S mit Hilfe von Formel (2.8) definiert werden:

$$(2.8) \qquad S(X_1, \ldots, X_n) = \left( X_{(r)}, X_{(n-r+1)} \right] \; ; \; r \in \mathbb{N}, \; r < \frac{n+1}{2}$$

<>

Theorem 2.1 (Wilks (1941))

Bestimmt man einen Normbereich S mit Hilfe von Konstruktionsverfahren 2.1, so besitzt die Überdeckung von S,

$$(2.9) \qquad U(S) = \int_{X_{(r)}}^{X_{(n-r+1)}} f(t)\,dt = F(X_{(n-r+1)}) - F(X_{(r)})$$

eine unvollständige Beta - Verteilung $I_\pi(p,q)$ mit dem Parameter

$$(2.10) \qquad (p,q) = (n-2r+1\,,\,2r)$$

◇

Ein Beweis dieses Theorems folgt unmittelbar aus Lemma 2.1, das eine von Wilks skizzierte unsymmetrische Definition des Normbereiches S zum Gegenstand hat. Zunächst kann aber festgestellt werden, daß die Verteilung der Überdeckung U(S) des Normbereiches S nicht von der zugrunde liegenden Verteilungsfunktion F der Zufallsvariablen X abhängt, mithin also der konstruierte Normbereich per definitionem einen nicht - parametrischen Normbereich darstellt (vgl. Abschnitt 2.1).

Das folgende Lemma 2.1 findet sich inhaltlich ebenfalls in der Arbeit von Wilks (1941) wieder. Der Beweis zu Theorem 2.1 läßt sich direkt auf die allgemeinere Form des Lemmas 2.1 übertragen, so daß diese hier diskutiert werden soll.

Lemma 2.1 (Wilks (1941))

Es sei $X_1, X_2, \ldots, X_n$ eine Folge von identisch verteilten Zufallsvariablen mit der stetigen, aber sonst beliebigen Verteilungsfunktion F. Dann besitzt die Überdeckung U(S) eines analog zu Konstruktion 2.1 bestimmten Bereiches S,

$$(2.11) \qquad S = S(X_1, \ldots, X_n) = \left( X_{(r)}, X_{(s)} \right] \text{ mit } r < s$$

und

$$(2.12) \qquad U(S) = \int_{X_{(r)}}^{X_{(s)}} dF = F(X_{(s)}) - F(X_{(r)}) \qquad ,$$

eine Beta-Verteilung $I_\pi(p,q)$ mit dem Parameter

$$(2.13) \qquad (p,q) = (s-r\,,\; n-s+r+1)$$

<>

Beweis zu Lemma 2.1

Betrachtet man (unter der üblichen Kompaktifizierung des Raumes $\mathbb{R}^1$) das Ereignis, daß bei einem Stichprobenumfang n genau $n_1=r-1$, $n_2=1$, $n_3=s-r-1$, $n_4$-1 und $n_5=n-s$ Beobachtungen in die entsprechenden Intervalle $(-\infty, x_{(r)})$, $(x_{(r)}, x_{(r)}+\epsilon)$, $(x_{(r)}+\epsilon, x_{(s)})$, $(x_{(s)}, x_{(s)}+\epsilon)$ und $(x_{(s)}+\epsilon, +\infty)$ fallen, so läßt sich über die Multinomial-Verteilung die gemeinsame Verteilung der Zufallsvariablen $X_{(r)}$ und $X_{(s)}$ ableiten (vgl. etwa David (1970)):

$$(2.14)\quad f_{rs}(x_{(r)},x_{(s)}) = \frac{n!}{(r-1)!\cdot(s-r-1)!\cdot(n-s)!}\cdot$$

$$\left\{ (F(x_{(r)}))^{r-1}\cdot(F(x_{(s)})-F(x_{(r)}))^{s-r-1}\cdot(1-F(x_{(s)}))^{n-s}\cdot\right.$$

$$\left.\cdot f(x_{(r)})\cdot f(x_{(s)}) \right\}$$

Führt man nun die Transformationen $U = F(X_{(s)}) - F(X_{(r)})$ und $V = F(X_{(r)})$ durch, um die gemeinsame Verteilung von U und V zu erhalten, so ergibt sich nach Integration bezüglich V über den Bereich von 0 bis 1-U und Ersetzung von V durch $(1-U)\cdot W$ die Marginalverteilung von U und damit die Behauptung:

$$(2.15)\quad f_U(u) = \frac{n!}{(s-r-1)!\cdot(n-s+r)!}\; u^{s-r-1}\,(1-u)^{n-s+r}$$

$$= \frac{\Gamma(n+1)}{\Gamma(s-r)\cdot\Gamma(n-s+r+1)}\; u^{s-r-1}\,(1-u)^{n-s+r}$$

◇

Eine erste Verallgemeinerung des Ergebnisses von Wilks auf den multivariaten Fall von N Dimensionen findet sich in der Arbeit von Wald (1943). (Anstelle der Bezeichnung "multivariater Fall" sollte besser der Begriff "multipler Fall" oder einfach "N-dimensionaler Fall" verwendet werden, denn es zeigt sich in Konstruktion 2.2, daß die Wald'sche Methode zwar simultan N Dimensionen erfaßt, nicht aber die Korrelationen zwischen diesen Dimensionen ("Variablen") berücksichtigt; in Anschluß an die Konstruktionsmethode und zu Beginn von Kapitel 3 wird diese Problematik ausführlicher diskutiert werden.

Vorläufig kann die "klassische" Formulierung beibehalten werden, zumal dies zu keinen weiteren inhaltlichen Schwierigkeiten führt.)

Wald (1943) betrachtet eine Folge von n identisch verteilten, N-dimensionalen Zufallsvariablen $X_i = (X_{i1}, X_{i2}, \dots, X_{iN})$, $i=1,2,\dots,n$, mit der stetigen Verteilungs- bzw. Dichtefunktion $F$ bzw. $F' = f$ über dem Raum $\Omega := \mathbb{R}^N$.

Konstruktion 2.2 (Wald (1943))

Es sei $X_{ij}^{(1)} := X_{ij}$ $(i=1,2,\dots,n;\ j=1,2,\dots,N)$ und $n_1 := n$.

Im k-ten Schritt $(k=1,2,\dots,N)$ der Konstruktion werden die Beobachtungen in der k-ten Dimension geordnet,

$$(2.16)\qquad X_{(1)k}^{(k)} < X_{(2)k}^{(k)} < \dots < X_{(n_k)k}^{(k)} \qquad (1 \leq k \leq N)$$

und alle Beobachtungen von der weiteren Betrachtung ausgeschlossen ("eliminiert"), für die

$$(2.17)\qquad \begin{cases} X_{ik}^{(k)} > X_{(s_k)k}^{(k)} & (s_k \leq n_k) \\ \text{oder} & \\ X_{ik}^{(k)} \leq X_{(r_k)k}^{(k)} & (1 \leq r_k \leq s_k - 1) \end{cases}$$

gilt, womit für die weitere Konstruktion noch $n_{k+1}$ Beobachtungen $X_{ij}^{(k+1)}$, $i=1,2,\dots,n_{k+1}$, zur Verfügung stehen sollten:

$$(2.18)\qquad n_{k+1} := s_k - r_k - 1 \geq 2\cdot(N-k) \qquad .$$

Unter der Bedingung (2.18) ergibt sich nach N Schritten der Normbereich S aus (2.19):

$$(2.19)\qquad S := \left\{ (x_1,\dots,x_N) \;\middle|\; X^{(k)}_{(r_k)k} < x_k \le X^{(k)}_{(s_k)k} \;;\; k=1,2,\dots,N \right\}$$

◇

Anschaulich werden also der Reihe nach in allen Dimensionen die jeweils $r_k$ kleinsten und die $n_k - s_k + 1$ größten Werte eliminiert und die Betrachtung mit den jeweils verbleibenden Beobachtungen fortgesetzt; der Begriff "eliminieren" soll verdeutlichen, daß in jedem Konstruktionsschritt gewisse Beobachtungen $x_{ij}$, und damit gewisse zugeordnete Teilmengen des Raumes $\mathbb{R}^N$ für die weitere Definition von S nicht mehr zur Verfügung stehen, so daß der Normbereich S also nur noch höchstens aus den jeweiligen Komplementen in den Restmengen bestehen kann. Die Tukey'sche Definition von "Blöcken", die weiter unten erläutert wird, macht diese Begriffsbildung unmittelbar verständlich. Nach N Konstruktionsschritten ergibt sich auf diese Weise als "Rest" ein N-dimensionaler Quader als Normbereich S.

Das Konstruktionsverfahren 2.2 wurde später aus naheliegenden Gründen "das Verfahren der sukzessiven Elimination" genannt.

<u>Theorem 2.2 (Wald (1943))</u>

Die Verteilung der Überdeckung

$$(2.20)\qquad U(S) = \int_{S\subset \mathbb{R}^N} dF(x_1,x_2,\dots,x_N)$$

eines nach sukzessiver Elimination erhaltenen Normbereiches S ist eine Beta-Verteilung $I_\pi(p,q)$ mit dem Parameter

$$(2.21) \quad (p,q) = (s_N - r_N \, , \, n - (s_N - r_N) + 1)$$

◇

In der gleichen Arbeit beschreibt Wald eine Verallgemeinerung seiner Methode. Hierbei wird der Raum $\mathbb{R}^N$ mit Hilfe achsenparalleler Hyperebenen in N-dimensionale, disjunkte Quader $Q_j$ $(j=1,2,\ldots,q)$ zerlegt. Ein Normbereich S ist die Vereinigung von r Quadern $Q_j$,

$$(2.22) \quad S := \bigcup_{i=1,2,\ldots,r} Q_{j_i} \quad ,$$

dessen Überdeckung U(S) ebenfalls einer Beta-Verteilung $I_\pi(r,n-r+1)$ folgt. Auf dieses Ergebnis soll hier nicht weiter eingegangen werden.

Ein offensichtlicher Nachteil des Wald'schen Konstruktionsverfahrens 2.2 besteht in der Tatsache, daß der resultierende Normbereich S einen N-dimensionalen Quader darstellt, das heißt, daß der Normbereich bei korrelierten Variablen unter Umständen recht große Teilmengen von $\Omega$ mit relativ geringer Wahrscheinlichkeitsdichte enthält, wie man sich leicht bereits im Fall von $N = 2$ Dimensionen veranschaulichen kann. (In der praktischen Anwendung solcher Bereiche kann dies zu einem beträchtlichen Anstieg von "falsch negativen" Entscheidungen führen, wozu aber auf die Kapitel 5 und 6 verwiesen sei.) Die hier nur skizzierte Wald'sche Verallgemeinerung dieses Verfahrens gleicht diesen Nachteil zwar formal aus, es ist aber nicht ersichtlich, wie zur Erfassung der Korrelationen insbesondere im allgemeinen Fall von $N > 2$ Dimensionen vorzugehen ist. In der Arbeit von Tukey (1947) findet man erste Lösungsansätze zu diesem Problem, die weiter unten diskutiert werden.

Ein weiterer Nachteil des Wald'schen Verfahrens besteht in der Art der in Konstruktion 2.2 definierten sukzessiven Elimination von Teilräumen des $\mathbb{R}^N$, denn es ist nicht auszuschließen, daß dieses systematische Vorgehen, das darüber hinaus von einer willkürlichen Numerierung der Variablen bestimmt ist, einen Einfluß auf die Form bzw. die "Größe" der resultierenden Bereiche beinhaltet. Erst Fraser (1951,1953) diskutiert in seinen Arbeiten eine Lösung für diese Schwierigkeiten, die später im Zusammenhang mit den genannten Fraser'schen Arbeiten beschrieben wird.

Die Arbeit von Tukey (1947) stellt den nächsten wichtigen Schritt in der Entwicklung der nicht - parametrischen Normbereiche dar. Das Tukey'sche Konzept verallgemeinert die Wald'sche Methode der sukzessiven Elimination und gestattet die Konstruktion von Normbereichen von recht allgemeiner Gestalt. Tukey führt dazu den Begriff der "statistisch äquivalenten Blöcke" ein, der im Konzept der Wald'schen Überlegungen bereits implizit vorweggenommen wurde. Diese "Blöcke" werden von Tukey zunächst für den univariaten Fall ($N = 1$) definiert, was sich aber völlig analog auf den multivariaten Fall ($N \geq 2$) übertragen läßt.

Zur Definition der Blöcke sei $\Omega := \mathbb{R}^1$ der Raum der reellen Zahlen, $F$ eine unbekannte, aber stetige Verteilungsfunktion und schließlich $X_{(1)}, X_{(2)}, \ldots, X_{(n)}$ eine geordnete Folge von Zufallsvariablen mit Werten in den reellen Zahlen. Die $n+1$ Intervalle

$$(2.23) \qquad ( X_{(i)} , X_{(i+1)} ] \quad ; \; i = 0,1,2,\ldots,n$$

(mit der üblichen Kompaktifizierung des $\mathbb{R}^1$ sei wieder $X_{(o)} = -\infty$ und $X_{(n+1)} = \infty$) nennt Tukey "Blöcke". Die Überdeckung $U_i$ des i-ten Blockes ist durch (2.24) definiert:

$$(2.24) \qquad U_i = F(X_{(i+1)}) - F(X_{(i)}) \quad ; \; i=0,1,2,\ldots,n \quad .$$

Wie in der zitierten Arbeit von Tukey gezeigt wird, gilt die Beziehung (2.25):

(2.25) $$E[\,U_i\,] = \frac{1}{n+1} \quad ; \; i = 0,1,2,\ldots,n \quad ,$$

womit sich Tukey's Bezeichnung der "statistisch äquivalenten Blöcke" rechtfertigt.

Aufbauend auf dieses Ergebnis kann das nächste Theorem 2.3 von Tukey bewiesen werden:

Theorem 2.3 (Tukey (1947))

Die Verteilungsfunktion der Summe von r Überdeckungen $U_i$ ist eine Beta-Verteilung $I_\pi(r,n-r+1)$:

(2.26) $$P\Big[\sum_{j=1}^{r} U_{i_j} \le \pi\Big] = I_\pi(r,n-r+1) \quad .$$

◇

Zur Verallgemeinerung des Theorems 2.3 von Tukey betrachte man wieder eine Folge von n identisch verteilten, N-dimensionalen Zufallsvariablen $X_i = (X_{i1}, X_{i2}, \ldots, X_{iN})$, $i=1,2,\ldots,n$, mit der Verteilungsfunktion F über dem Raum $\Omega := \mathbb{R}^N$. Die $h_s$ seien meßbare Funktionen ("Ordnungsfunktionen"):

(2.27) $$h_s : \mathbb{R}^N \to \mathbb{R} \quad ; \; s=1,2,\ldots,n \quad .$$

Bezeichnet man nun

(2.28) $$V_i^{(s)} := h_s(X_i) \quad ; \; s=1,2,\ldots,n \quad ,$$

und verlangt zusätzlich die Stetigkeit der Verteilungsfunktion von $h_s$ (das heißt, $P(h_s(X) = z) = 0$ für alle Indices $s \leq n$ und für $z \in \mathbb{R}$, dies impliziert im allgemeinen eine Forderung nach einer stetigen Verteilungsfunktion F), so erhält man wieder eine Folge von Zufallsvariablen $V_i^{(s)}$, $i = 1,2,\ldots,n$, die ihrerseits in eine Rangfolge gebracht werden können:

$$(2.29) \quad V_{(i)}^{(s)} < V_{(j)}^{(s)} \quad \text{falls } i < j \quad .$$

Die Kurve, die durch

$$(2.30) \quad h_s(x) = V_{(1)}^{(s)}$$

definiert ist, heißt "Schnitt" oder auch "Schnittfunktion".

Im Anschluß an Theorem 2.4 werden die zuletzt definierten und die in der folgenden Konstruktion 2.3 verwendeten Begriffe anhand eines Beispiels erläutert. In diesem Beispiel sind die Schnittfunktionen $h_s$ Geraden. In Kapitel 3 zeigt sich, daß die Verwendung von solchen recht "anspruchslosen" Funktionen zwar gewisse Nachteile, aber auch einige Vorteile beinhaltet, was erst in diesem Kapitel unter dem Gesichtspunkt der Skalierungsinvarianz von Normbereichen zum Tragen kommt.

Konstruktion 2.3 (Tukey (1947))

Analog zu Konstruktion 2.2 sei wieder $X_i^{(1)} = X_i$, $i=1,2,\ldots,n$. Durch

$$(2.31) \quad B^{(1)} := \left\{ x \mid h_1(x) < V_{(1)}^{(1)} \right\}$$

ist im ersten Schritt der Konstruktion eine Menge $B^{(1)}$ festgelegt.

Derjenige Wert $X_i^{(1)}$, der den Schnitt definiert,

$$(2.32) \quad h_1(X_i^{(1)}) = V_{(1)}^{(1)} \quad ,$$

wird von der weiteren Betrachtung ausgeschlossen und die verbleibenden n-1 Werte werden in $X_i^{(2)}$ umbenannt.

Bezeichnet man das Komplement einer Menge $B^{(k)}$ in $\overline{B}^{(k-1)}$ mit $\overline{B}^{(k)}$ (es sei $\Omega = B^{(1)} \cup \overline{B}^{(1)}$), so kann man im k-ten Schritt ($k \geq 2$) der Konstruktion eine Menge (einen "Block") $B^{(k)}$ definieren:

$$(2.33) \quad B^{(k)} := \left\{ x \;\middle|\; h_k(x) < V_{(1)}^{(k)} \quad ; \quad x \in \overline{B}^{(k-1)} \right\} \quad .$$

Der den Schnitt definierende Wert $X_i^{(k)}$ wird in analoger Weise wie oben eliminiert und die verbleibenden Zufallsvariablen in $X_i^{(k+1)}$ umbenannt.

Schließlich ergibt sich eine Folge von disjunkten Mengen $B^{(k)}$, die die Beziehung (2.34) erfüllen,

$$(2.34) \quad B^{(k)} \subset \overline{B}^{(k-1)} \quad ; \; k=2,3,\ldots,n$$

und ein "Rest" $B^{(n+1)} = \overline{B}^{(n)}$, so daß

$$(2.35) \quad \Omega = \mathbb{R}^N = \bigcup_{k=1}^{n+1} B^{(k)} \quad .$$

<>

Das Theorem 2.4 von Tukey beschäftigt sich mit den Verteilungseigenschaften dieser Blöcke $B^{(k)}$:

Theorem 2.4 (Tukey (1947))

Die Verteilung der Summe der Überdeckungen $U_k = U(B^{(k)})$ von r Blöcken $B^{(k)}$ aus Konstruktion 2.3 ist eine Beta-Verteilung $I_\pi(p,q)$ mit dem Parameter $(p,q) = (r,n-r+1)$.

◇

Normbereiche nach Konstruktion 2.3 können, wie bereits oben erwähnt und wie auch aus dem folgenden Beispiel, das in Analogie zu dem von Tukey (1947) konstruiert wurde, zu entnehmen ist, eine recht allgemeine Form erhalten, was zweckmäßigerweise bereits in der Planungsphase einer Untersuchung berücksichtigt werden kann. Dies spielt insbesondere bei korrelierten Variablen eine Rolle, für die rechteckförmige Bereiche sicher unangemessen sind.

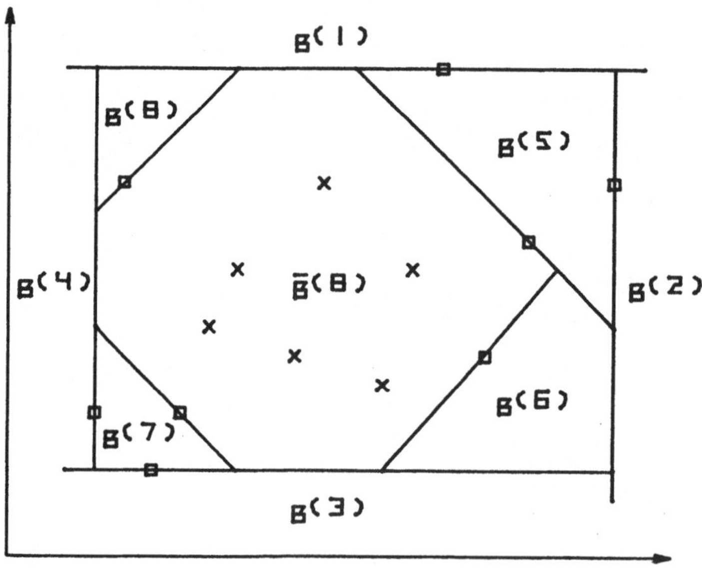


ABB. 3: ILLUSTRATION EINER NORMBEREICHSKONSTRUKTION

Abbildung 3 veranschaulicht graphisch für N=2 Dimensionen und n=14 Realisationen ("Punkte") den Tukey'schen Konstruktionsprozeß. Die Schnittfunktionen sind hier Geraden, deren Reihenfolge und auch derjenigen der eliminierten Punkte aus der Numerierung der Blöcke $B^{(k)}$, k=1,2,...,8, ersichtlich ist. Es ist zu beachten, daß die Konstruktion eines Blockes $B^{(k)}$ jeweils in $\overline{B}^{(k-1)}$ (im Sinne von Konstruktion 2.3) erfolgt.

Die Funktionen $h_s(x,y)$ lauten der Reihe nach:

$$(2.36)\quad \begin{cases} h_1(x,y) = -\quad y \\ h_2(x,y) = -x \\ h_3(x,y) = \quad y \\ h_4(x,y) = x \\ h_5(x,y) = -(x+y) \\ h_6(x,y) = -(x-y) \\ h_7(x,y) = x+y \\ h_8(x,y) = x-y \end{cases}$$

Die Konstruktion bricht in diesem Beispiel nach m = 8 Schritten ab; der "Normbereich" S ist der innere Bereich $\overline{B}^{(8)}$, der von allen acht Geraden eingeschlossen wird:

$$(2.37)\quad S = \overline{B}^{(8)} = \bigcup_{k=9}^{15} B^{(k)} - \overline{\bigcup_{k=1}^{8} B^{(k)}}$$

In der Arbeit von Fraser (1951) findet sich ein weiteres Beispiel für das Konstruktionsverfahren. Guttman (1970b) gibt ein Beispiel für den Konstruktionsprozeß, das nicht - lineare Schnitt- bzw. Ordnungsfunktionen verwendet.

An dieser Stelle muß bemerkt werden, daß die bisher diskutierten Methoden zur Konstruktion von univariaten und multivariaten Normbereichen stets Annahmen über die Stetigkeit von Verteilungen voraussetzten, was aber in der praktischen Anwendung dieser Verfahren nur in den seltensten Fällen zu unterstellen ist; selbst bei Variablen, die von ihrer Natur her nur Werte im Raum der reellen Zahlen $\mathbb{R}$ bzw. im Raum $\mathbb{R}^N$ annehmen, also von der "Theorie" her durchaus die Annahmen einer stetigen Verteilungsfunktion F und einer stetigen Verteilung der Funktionen $h_s$ erfüllen könnten, muß in der "Praxis" aufgrund meßtechnischer Voraussetzungen in Kauf genommen werden, daß in einer Stichprobe identische Realisationen auftreten, womit trivialerweise auch für bestimmte Indices s,i und j der Fall $h_s(X_i) = h_s(X_j)$ eintritt: "We all deal with discrete data, and must sooner or later face this fact." (Tukey (1948)).

Die Probleme, die mit einer nicht-stetigen Verteilungsfunktion F einhergehen, wurden von Scheffé und Tukey (1945) für den univariaten Fall diskutiert. Die Lösung wurde später von Tukey (1948) modifiziert und für die multivariate Situation des Konstruktionsverfahrens 2.3 von Tukey (1947) verallgemeinert. Das im Falle von nichtstetigen Verteilungen auftretende Problem von Bindungen ("ties"), wenn also im Verlauf einer Normbereichskonstruktion für gewisse Indices der bereits oben erwähnte Fall

$$(2.38) \qquad V_{(1)}^{(s)} = h_s(X_i) = h_s(X_j) \qquad ; \; s,i,j \leq n$$

eintritt und damit wenigstens zwei Beobachtungen für die Definition eines Schnittes bzw. einer Schnittfunktion in Frage kommen, löst Tukey in seiner Arbeit von 1948 mit der Methode der "lexikographischen Ordnung", die hier ebenfalls nicht weiter diskutiert werden soll. Stattdessen wird eine für die Praxis wesentlich einfachere und elegantere Methode zur Behandlung von Bindungen dargestellt, die im Laufe der Entwicklung zuerst von Fraser (1951,1953) vorgeschlagen und später von Kemperman (1956) wieder aufgegriffen wurde.

In der Arbeit von Fraser (1951) werden die Konstruktionsmethoden von Wilks, Wald und Tukey in konsequenter Weise verallgemeinert. Fraser ersetzt die im Konstruktionsverfahren 2.3 fest vorgegebene Folge der Tukey'schen Ordnungsfunktionen aus (2.27) bzw. aus (2.28) durch eine sequentielle Definition solcher Funktionen, die nun in jedem Schritt einer Normbereichskonstruktion von den in dieser Konstruktion bisher verwendeten Ordnungsfunktionen bzw. von der Form der bereits eliminierten Blöcke abhängen können. In Verallgemeinerung der (in dieser Arbeit nicht angegebenen) Beweise zu den Theoremen von Wald und Tukey zeigt Fraser, daß die Summe der Überdekkungen von jeweils r Blöcken wieder einer Beta - Verteilung folgt. In der gleichen Arbeit beschreibt Fraser die Situation für den nicht - stetigen Fall und zeigt, daß die Ordnungsfunktionen $h_s$ sogar mit Hilfe von Zufallszahlen ausgewählt werden dürfen. Auf diese Ergebnisse soll aber hier, mit Hinweis auf das Theorem 2.6 von Kemperman, nicht weiter eingegangen werden.

Im nachfolgend dargestellten Konstruktionsverfahren 2.4 von Fraser (1951,1953) wird wieder die gleiche Notation verwendet wie die zu Konstruktion 2.3. Ordnungsfunktionen sind jetzt

$$(2.39) \quad \begin{cases} h_1 = h_1(X) \\ h_s = h_s(X \mid h_j \; ; \; j=1,2,\dots,s-1) \quad ; \; s=2,3,\dots,n \end{cases}$$

die wieder eine stetige Dichte besitzen mögen.

Konstruktion 2.4 (Fraser (1951))

Das Konstruktionsverfahren nach Fraser ist formal mit dem Tukey'schen Konstruktionsverfahren 2.3 identisch, wenn man die dort verwendeten Ordnungsfunktionen $h_s$ durch

$$(2.40) \quad h_s(X \mid h_j \; ; \; j=1,2,\ldots,s-1)$$

aus Definition (2.39) ersetzt.

<>

Damit kann in jedem Schritt des Konstruktionsprozesses jede Ordnungsfunktion $h_k$ von den bis zu diesem Schritt bereits verwendeten Ordnungsfunktionen $h_1,h_2,\ldots,h_{k-1}$ und damit auch von der Form der bis zu diesem Zeitpunkt bereits eliminierten Blöcke $B^{(1)}, B^{(2)},\ldots, B^{(k-1)}$ abhängig gemacht werden. Dieses Ergebnis bildet die Basis für das im nächsten Kapitel dargestellte Abt'sche "Parallelogramm-Verfahren", das durch eine spezielle Definition der Ordnungsfunktionen $h_s$ eine "Skalierungsinvarianz" der dort konstruierten Normbereiche gewährleistet. Diese Sachverhalte werden später in Kapitel 3 diskutiert. Hier muß zunächst noch das Theorem 2.5 von Fraser formuliert werden:

<u>Theorem 2.5 (Fraser (1951))</u>

Die Verteilung der Summe der Überdeckungen von jeweils r Blöcken, die mit Hilfe von Konstruktionsverfahren 2.4 auf der Basis von n Realisationen einer stetigen Zufallsvariablen erhalten werden, ist eine Beta - Verteilung $I_\pi(p,q)$, wobei $p=r$ und $q=n-r+1$ ist.

<>

In der zitierten Arbeit von Fraser finden sich graphische Beispiele für die Konstruktionsmethode 2.4, in denen sowohl lineare als auch nicht - lineare Schnittfunktionen Verwendung finden.

Ein bemerkenswertes Ergebnis der Verallgemeinerung des Fraser'schen Verfahrens auf nicht - stetige Verteilungen bezieht sich auf die Behandlung von Bindungen ("ties", vgl. dazu Definition (2.38)). Zur Definition der Schnittfunktion $h_k$ des k-ten Schrittes kann einer der Indices i und j mittels gleichverteilter Zufallszahlen ausgewählt werden, um den aktuellen Schnitt zu repräsentieren. Die nicht gewählten Beobachtungen können im weiteren Verlauf des Konstruktionsprozesses wieder "verwendet" werden. Dieses Ergebnis ist, trotz seines elementaren Äußeren, keinesfalls trivial und wird später im Kontext der Arbeit von Kemperman (1956) nochmals aufgegriffen.

In einer weiteren Arbeit von Fraser (1953) wird gezeigt, daß in jedem Konstruktionsschritt nicht nur genau ein Block $B^{(k)}$, sondern auch jeweils eine Gruppe von Blöcken definiert werden kann, die in späteren Konstruktionsschritten weiter "zerlegt" werden darf, bis im letzten von insgesamt n möglichen Konstruktionsschritten

$$(2.41)\quad \begin{cases} \Omega = \mathbb{R}^N = \bigcup_{k=1}^{n+1} B^{(k)} \\ \text{mit} \\ B^{(i)} \cap B^{(j)} = \{\emptyset\} \quad \text{falls } i \neq j \end{cases}$$

ist. Fraser gibt ein illustratives Beispiel für seine Konstruktionsmethode aus 2.4 mit einem Normbereich, der für eine offensichtlich bimodale Wahrscheinlichkeitsverteilung bestimmt wurde.

Eine sequentielle Zerlegung des Raumes $\Omega$ in Gruppen von Blöcken kann bei Vorliegen von bi- oder auch multimodalen Verteilungen sehr vorteilhaft sein, soll aber im Rahmen dieser Abhandlung nicht ausführlicher diskutiert werden. (In der Anwendung der beschriebenen Verfahren auf Fragestellungen aus dem Bereich der Medizin und Biologie empfiehlt es sich im allgemeinen ohnehin, eine Trennung der vermutlichen Mischpopulation zu versuchen. Darüber hinaus ist bei der Anwendung der Verfahren auf mehr als zwei Dimensionen ein systematisches Vorgehen nicht offensichtlich.)

Der letzte wesentliche verallgemeinernde Schritt in der Entwicklung der mathematischen Grundlagen der nicht-parametrischen Normbereiche wird von Kemperman (1956) durchgeführt. Kemperman zeigt in seiner Arbeit, daß die Tukey'schen Ordnungsfunktionen $h_s$ nicht nur von den in einem Schritt bereits definierten Schnittfunktionen bzw. von den damit definierten Blöcken, sondern auch von denjenigen Werten x, die die Schnitte definierten, abhängen können. Darüber hinaus darf bei Kemperman die Wahl einer Ordnungsfunktion $h_s$ in jedem Konstruktionsschritt von gewissen Indexmengen abhängen, wie auch bereits aus dem Artikel von Fraser (1953) bekannt ist. Im Zusammenhang mit der zuletztgenannten Arbeit wurde schon festgestellt, daß diese Indexmengen in der vorliegenden Monographie keine explizite Rolle spielen, trotzdem aber wegen ihres allgemeinen mathematischen Interesses in diesem Abschnitt diskutiert werden sollen.

In der Kemperman'schen Arbeit von 1956 wird die Voraussetzung der Stetigkeit der Ordnungsfunktionen $h_s$ zunächst beibehalten. Die verwendeten Ordnungsfunktionen werden von Kemperman jedoch in einer allgemeineren Weise als bei Tukey und Fraser definiert, wozu hier der Begriff der Partitionierung eingeführt wird. (Diese "Partitionierungen" wurden in diesem Abschnitt bereits in allen dargestellten Konstruktionsverfahren implizit verwendet und stellen somit kein unbekanntes mathematisches Faktum dar, aus beweistechnischen Gründen erweist sich aber eine explizite Einführung des Begriffes als recht nützlich.) Für die Anwendung der Kemperman'schen Konstruktionsmethode bedarf die Definition der Ordnungsfunktionen einer weiteren Ergänzung, wie später erläutert wird.

Konstruktion 2.5 (Kemperman (1956))

Es sei $\Psi_k$ eine gewisse Information, die nach Durchführung des k-ten Konstruktionsschrittes zur Verfügung stehen möge; $\Psi_0$ besteht aus der Menge der Indices $\{1,2,\dots,n\}$ . Im ersten Schritt der Konstruktion wird durch einen Wert $m_0$, $0 \le m_0 \le n$, und durch eine Ordnungsfunktion $h_1$,

(2.42) $h_1 = h_1(x \mid \Psi_o)$ ,

mit Hilfe von (2.43) eine Partition des Raumes $\Omega = \mathbb{R}^N$ in disjunkte Teilmengen erklärt,

(2.43) $\Omega = B_o^{(o)} = B_1^{(o)} \cup B_1^* \cup B_1^{(1)}$ ,

wobei die Mengen auf der rechten Seite von (2.43) durch (2.44) definiert werden, wenn wieder $V_{(m_o)}^{(1)}$ den $m_o$ - kleinsten Wert der Ordnungsfunktion $h_1$ bezeichnet:

$$(2.44)\quad \begin{cases} B_1^{(o)} = \{ x \mid h_1(x \mid \Psi_o) < V_{(m_o)}^{(1)} = h_1(X_1^* \mid \Psi_o) \} \\ B_1^{(1)} = \{ x \mid h_1(x \mid \Psi_o) > V_{(m_o)}^{(1)} = h_1(X_1^* \mid \Psi_o) \} \\ B_1^* = \{ x \mid h_1(x \mid \Psi_o) = V_{(m_o)}^{(1)} = h_1(X_1^* \mid \Psi_o) \} \end{cases}$$

Nach $k \leq n-1$ Schritten ergibt sich eine Zerlegung des Raumes $\Omega = \mathbb{R}^N$ in k+1 disjunkte Teilmengen $B_k^{(j)}$, j=0,1,...,k, und k "Trennmengen" $B_j^*$, j=1,2,...,k. Die nach k Konstruktionsschritten vorliegende Information $\Psi_k$ besteht aus einer Menge $\mathcal{N}$ von Indexmengen $\nu_k^{(j)}$,

$$(2.45)\quad \begin{cases} \mathcal{N} = \{ \nu_k^{(j)} \mid j = 0,1,\ldots,k \} \\ \nu_k^{(j)} = \{ \nu \mid x_\nu \in B_k^{(j)} \} \end{cases}$$

der Indices derjenigen Werte x, die in den Mengen $B_k^{(j)}$ enthalten sind, außerdem aus den Trennwerten $x_i = x_j^* \in B_j^*$ und deren Indices:

(2.46) $$\Psi_k = \left( \mathcal{N} \, , \left\{ (x_i \, , i) \,\middle|\, x_i \in B_j^* \; ; \; j = 1,2,\ldots,k \right\} \right) \quad .$$

Zur Durchführung des (k+1)-ten Konstruktionsschrittes sei nun $B_k^{(j^*)}$ eine bezüglich der beobachteten Werte x nicht leere Menge (das heißt, $\nu_k^{(j^*)} \neq \{\emptyset\}$ ),

(2.47) $$h_{k+1} = h_{k+1}(x \mid \Psi_k)$$

eine Ordnungsfunktion und $m_o$ ein Index, für den $0 < m_o \leq m-1 = = \| \nu_k^{(j^*)} \|$ gilt. Mit

(2.48) $$V_{(m_o)}^{(k+1)} = h_{k+1}(X_{k+1}^* \mid \Psi_k)$$

ergibt sich, analog zu den Definitionen in (2.44), eine Partition der Menge $B_k^{(j^*)}$:

(2.49) $$B_k^{(j^*)} = B_{k+1}^{(j^*)} \cup B_{k+1}^* \cup B_{k+1}^{(j^*+1)} \quad .$$

Die Teilmengen $B_k^{(j)}$ werden für $j = 0,1,\ldots,j^*-1$ formal in $B_{k+1}^{(j)}$, und die Mengen $B_k^{(j)}$ für $j = j^*+1,\ldots,k$ formal in $B_{k+1}^{(j+1)}$ umbenannt. Sind $\nu_{k+1}^{(j^*)}$ und $\nu_{k+1}^{(j^*+1)}$ die in analoger Weise erhaltenen Indexmengen von $B_{k+1}^{(j^*)}$ und $B_{k+1}^{(j^*+1)}$, so kann für die restlichen Indexmengen eine entsprechende Umnumerierung erfolgen.

Nach n Schritten ergibt sich eine Zerlegung des Raumes $\Omega = \mathbb{R}^N$ in n+1 disjunkte Teilmengen (jetzt, im Tukey'schen Sinne, Blöcke) $B^{(k)}$,

$$(2.50) \quad B^{(k)} := B_n^{(k)} \quad ; k = 0,1,\ldots,n$$

und n Trennmengen $B_k^*$, $k=1,2,\ldots,n$:

$$(2.51) \quad \Omega = \mathbb{R}^N = \bigcup_{k=0}^{n} B^{(k)} \cup \bigcup_{k=1}^{n} B_k^* \quad .$$

<>

Kemperman weist darauf hin, daß bei der Wahl der Ordnungsfunktionen $h_s$ auch Entscheidungen mit Hilfe von Zufallszahlen getroffen werden können, was sich formal damit begründen läßt, daß diese "Zufallsentscheidungen" bereits vor Beginn der Normbereichskonstruktion, also als Bestandteil eines vollständigen Konstruktionsplanes, getroffen werden können.

Im Falle von nicht-stetigen Zufallsvariablen können wieder Bindungen ("ties") auftreten, das heißt, daß eine Trennmenge $B^*$ mehr als eine Beobachtung x enthält. Verallgemeinert man den Begriff der Ordnungsfunktion dahingehend, daß die "$<$"-Relation zwischen den Werten von Ordnungsfunktionen durch eine erweiterte "$<_*$"-Relation ersetzt wird,

$$(2.52) \quad \left[\, h_s(X_i) <_* h_s(X_j) \,\right] \Leftrightarrow$$

$$\left[\, [\, h_s(X_i) < h_s(X_j) \,] \vee [\, h_s(X_i) = h_s(X_j) \wedge Y_i < Y_j \,] \,\right] \quad ,$$

wobei $Y_i$ und $Y_j$ gleichverteilte Zufallsvariablen aus einem Intervall L sind,

$$(2.53) \quad Y_i \ , \ Y_j \in L \subseteq \mathbb{R} \quad ,$$

so läßt sich in Analogie zu Fraser (1953) die Kemperman'sche Theorie für

$$(2.54) \quad X' = (X,Y) \in \Omega' = \Omega \times L$$

ohne weiteres auf den Fall von nicht-stetigen Verteilungen verallgemeinern (vgl. dazu auch den im Anschluß angegebenen Beweis zu dem Kemperman'schen Theorem). Aus diesen Überlegungen leiten sich auch sofort die Ergebnisse von Scheffé und Tukey (1945) für den univariaten Fall ab; Einzelheiten hierzu finden sich bei Kemperman (1956).

Theorem 2.6 (Kemperman (1956))

Die Vereinigungsmenge S von r Blöcken $B^{(k)}$ aus Konstruktion 2.5 besitzt eine Überdeckung U(S) mit einer Beta-Verteilung $I_\pi(r,n-r+1)$ als Verteilungsfunktion.

<>

Zum Beweis des Theorems 2.6 ist noch ein weiteres Lemma notwendig. Dieses Lemma beschäftigt sich mit einer bedingten Verteilung von Überdeckungen:

Lemma 2.2 (Kemperman (1956))

Es sei $B \subset \Omega$ eine Menge mit $U(B) > 0$ und $X_1, X_2, \ldots, X_n$ eine Folge von identisch verteilten Zufallsvariablen mit Werten in B. Weiterhin sei $B = B^{(o)} \cup B^* \cup B^{(1)}$ eine Partition von B, die durch eine stetige Ordnungsfunktion h definiert wird:

$$(2.55) \quad h: V^{(\ )}_{(m_o)} = h(X^*) \quad \text{mit } 0 < m_o \leq n \quad .$$

Dann besitzt die Zufallsvariable

$$(2.56) \qquad Q = P[\, h(X) < h(X^*) \mid X \in B \,] = U(B^{(o)}) \,/\, U(B)$$

eine Beta - Verteilung $I_Q(m_o, n-m_o+1)$.

<>

Nach Lemma 2.1 bereitet der Beweis dieses Lemmas keine grundsätzlichen Schwierigkeiten und kann deshalb übergangen werden.

Damit steht noch der Beweis zu Theorem 2.6 aus:

Beweis zu Theorem 2.6 (Kemperman (1956))

Es sei (vgl. dazu auch Lukacs und Laha (1964))

$$(2.57) \qquad C(t_o, t_1, \ldots, t_n) = E\left[\, e^{\, t_o \log U_o + t_1 \log U_1 + \ldots + t_n \log U_n} \,\right]$$

die charakteristische Funktion der gemeinsamen Verteilungsfunktion der Logarithmen der Überdeckungen $U_j = U(B^{(j)})$. Die Werte $t_j$ sind komplexe Parameter.

Zum Beweis betrachte man zunächst die Größe

$$(2.58) \qquad \rho_k(t_o, t_1, \ldots, t_n) = \rho_k = \prod_{j=0}^{k} \frac{\Gamma(n_j) \cdot U(B_k^{(j)})^{\, t_{N_j} + \ldots + t_{N_j+n_j-1}}}{\Gamma(n_j + t_{N_j} + \ldots + t_{N_j+n_j-1})}$$

wobei für $j=0,1,\ldots,k\leq n$ die Größe $\|\nu_k^{(j)}\|=n_j-1$ die Anzahl der in einem Block $B_k^{(j)}$ enthaltenen Beobachtungen ist und die Größen $N_j$ mit (2.59) definiert sind:

$$(2.59)\qquad \begin{cases} N_o = 0 \\ N_j = \sum_{i=0}^{j-1} n_i \quad ; \; j=1,2,\ldots,k \end{cases} .$$

Für $k=0$ läßt sich der Erwartungswert der Größe $\rho_o$ aus Formel (2.58) leicht mit

$$(2.60)\qquad E[\,\rho_o\,] = \Gamma(n+1)\;/\;\Gamma(n+1+t_o+t_1+\ldots+t_n)$$

angeben. Für $k\geq 0$ kann durch Induktion gezeigt werden, daß

$$(2.61)\qquad E[\,\rho_{k+1}\,] = E[\,\rho_k\,] \quad , \; 0\leq k<n \quad .$$

Dazu werde angenommen, daß der $k$ - te Konstruktionsschritt abgeschlossen ist, womit die Information $\Psi_k$ vorliegt und ein Index $j^*$, eine Ordnungsfunktion $h_{k+1}$ und Anzahlen $m_o$ und $m_1$,

$$(2.62)\qquad m = n_{j^*} = m_o + m_1$$

festgelegt werden können.

Gemäß der Definition des $(k+1)$ - ten Schrittes aus Konstruktionsverfahren 2.5 ist

$$(2.63)\qquad B_k^{(j^*)} = B_{k+1}^{(j^*)} \cup B_{k+1}^{*} \cup B_{k+1}^{(j^*+1)}$$

eine Partition der Menge $B_k^{(j^*)}$, für die durch

$$(2.64)\qquad m-1 = \| \nu_k^{(j^*)} \| = (m_o-1) + 1 + (m_1-1)$$

$$= \| \nu_{k+1}^{(j^*)} \| + 1 + \| \nu_{k+1}^{(j^*+1)} \|$$

die Anzahlen der Beobachtungen in den zugeordneten Mengen $B_{k+1}^{(j^*)}$ und $B_{k+1}^{(j^*+1)}$ festgelegt sind.

$\rho_{k+1}$ läßt sich jetzt rekursiv definieren:

$$(2.65)\qquad \rho_{k+1} = \rho_k \cdot \frac{\Gamma(m+T)\cdot\Gamma(m_o)\cdot\Gamma(m_1)}{\Gamma(m)\cdot\Gamma(m_o+T_o)\cdot\Gamma(m_1+T_1)} \cdot$$

$$\cdot \frac{U\left(B_{k+1}^{(j^*)}\right)^{T_o} \cdot U\left(B_{k+1}^{(j^*+1)}\right)^{T_1}}{U\left(B_k^{(j^*)}\right)^{T}}$$

wobei die Größen $T$, $T_o$ und $T_1$ aus

$$(2.66)\qquad T = T_o + T_1 = \left(t_{N_{j^*}} + \dots + t_{N_{j^*}+m_o-1}\right) + \left(t_{N_{j^*}+m_o} + \dots + t_{N_{j^*}+m-1}\right)$$

ersichtlich sind.

Zur Vorbereitung des (k+1) - ten Konstruktionsschrittes ergibt sich im Verlaufe des Konstruktionsprozesses die oben definierte Information $\Psi_k$ genau dann, wenn in jedem Konstruktionsschritt die Trennwerte und deren Indices eindeutig festliegen und wenn für $j = 0,1,2,...,k$ und $\forall \nu \in \nu_k^{(j)} \neq \{\emptyset\}$: $x_\nu \in B_k^{(j)}$; das heißt, bei Vorliegen von $\Psi_k$ können die $x_\nu$ als unabhängige Realisationen einer Zufallsvariablen X mit Werten in den Teilmengen $B_k^{(j)}$ aufgefaßt werden.

Ist nun im (k+1) - ten Schritt auf Grund von $\Psi_k$ die Partition von $B_k^{(j^*)}$ gegeben, so folgt gemäß Lemma 2.2 die Größe

$$(2.67) \qquad Q = U\left(B_{k+1}^{(j^*)}\right) \,/\, U\left(B_k^{(j^*)}\right)$$

einer Beta - Verteilung $I_Q(m_o, m_1)$. Dann ergibt sich aber aus der Beziehung (2.65), daß

$$(2.68) \qquad E[\, \rho_{k+1} \mid \Psi_k \,] = E[\, \rho_k \mid \Psi_k \,] = \rho_k$$

und damit die Behauptung (2.61).

Nach diesem Ergebnis gewinnt die Größe $\rho_k$ für $k = n$ ein besonderes Interesse, denn es ist nach Definition (2.58)

$$(2.69) \qquad E[\, \rho_n \,] = E\left[\prod_{j=0}^{n} \frac{U_j^{t_j}}{\Gamma(1+t_j)}\right] = \Gamma(n+1) \,/\, \Gamma(n+1+t_o+...+t_n)$$

und nach Umformung von (2.69)

$$(2.70) \qquad E\left[\prod_{j=0}^{n} U_j^{t_j}\right] = \frac{\Gamma(n+1) \cdot \prod_{j=0}^{n} \Gamma(1+t_j)}{\Gamma(n+1+t_o+...,t_n)} \quad .$$

Die linke Seite von (2.70) ist mit der charakteristischen Funktion $C(t_0, t_1, \ldots, t_n)$ aus der Definition (2.57) identisch und hängt nur vom Stichprobenumfang n und den Parametern $t_j$, nicht aber von der zugrunde liegenden Verteilung F oder von der Konstruktionsmethode ab. Damit hängt aber auch wegen der Eindeutigkeitsbeziehung (vgl. zum Beispiel Lukacs und Laha (1964)) die gemeinsame Verteilung von $\log U_0$, $\log U_1, \ldots$, $\log U_n$ und damit die von $U_0, U_1, \ldots, U_n$ nur von n und den Werten $t_j$ ab.

Diese Situation ist nun mit der einer Folge von gleichverteilten Zufallsvariablen $Y_j$, $j = 0,1,\ldots,n$, mit Werten im Einheitsintervall identisch: Wählt man formal für $h_s(y) \equiv h(y) \equiv y$ die Identität und setzt $U_j = Y_{(j)} - Y_{(j-1)}$, so folgt mit Lemma 2.1 die Behauptung von Theorem 2.6 .

$\diamond$

Die fehlenden Beweise zu den Theoremen 2.2 bis 2.5 ergeben sich aus Konstruktion 2.5 und aus dem Theorem 2.6. (Es sei an dieser Stelle nochmals darauf hingewiesen, daß sich die Beweise zu diesen Theoremen ursprünglich aus dem Wilks'schen Theorem entwickelten, der Beweis von Theorem 2.6 jedoch mit Hilfe von charakteristischen Funktionen geführt wurde, was mathematisch eine grundsätzlich andere Argumentationsweise bedeutet.) Aus der Definition der Ordnungsfunktionen in Konstruktion 2.5 ersieht man, daß die Ordnungsfunktionen aus den in Frage stehenden Theoremen bzw. Konstruktionen nur Spezialfälle der ersteren darstellen:

Das Theorem von Wald benutzt iterierte Projektionen, das Theorem 2.4 von Tukey, aus dem trivialerweise Theorem 2.3 folgt, setzt nur eine vordefinierte Folge von Ordnungsfunktionen voraus, das Theorem 2.5 von Fraser gestattet eine sequentielle Definition der Ordnungsfunktionen, die aber alle als Spezialfälle die sehr allgemeinen Anforderungen des Kemperman'schen Verfahrens erfüllen, womit die fehlenden Beweise evident sind.

Im weiteren Verlauf der Entwicklung der mathematischen Theorie der nicht-parametrischen Normbereiche finden sich noch einige interessante Ergebnisse wie zum Beispiel das von Anderson und Benning (1970), wonach die Ordnungsfunktionen $h_s$ von einer zusätzlichen stetigen Zufallsvariablen abhängen dürfen. Auf dieses und auf andere ungenannte Ergebnisse soll hier nicht weiter eingegangen werden, zumal eine Darstellung für die nachfolgenden Abschnitte nicht erforderlich ist.

Zum Abschluß dieses Abschnittes wird noch ein einfaches Theorem bewiesen, das sich, unter pragmatischen Aspekten betrachtet, mit dem eigentlichen Ziel der Konstruktion nicht-parametrischer Normbereiche, nämlich dem der praktischen Anwendung, beschäftigt. Dieses Theorem wird in Abschnitt 5 unter dem Gesichtspunkt der multiplen Anwendung von Normbereichen wieder aufgegriffen werden.

Theorem 2.7 (Guttman (1970b))

Es sei $S \subset \mathbb{R}^N$ ein beliebiger, nicht-parametrischer Normbereich, der aus r statistisch äquivalenten Blöcken besteht, die aus den Realisationen von n identisch verteilten Zufallsvariablen mit der Verteilungsfunktion $F = F(x_1, x_2, \ldots, x_N)$ bestimmt wurden. Ist nun X eine zukünftige Beobachtung, die ebenfalls der Verteilungsfunktion F folgen möge, so gilt die Beziehung

$$(2.71) \qquad P(X \in S) = \frac{r}{n+1} \quad .$$

$\diamond$

Zum Beweis dieses Theorems wird zunächst ein spezieller Fall eines Ergebnisses von Paulson (1943) dargestellt. Dieses Lemma stellt eine Verbindung zwischen Norm- und Konfidenzbereichen her, wenn die letzteren nicht für einen Parameter einer Verteilung, sondern für eine zukünftige Realisation einer Zufallsvariablen X bestimmt werden.

Lemma 2.3 (Paulson (1943))

Es sei S ein N-dimensionaler $\gamma \cdot 100\%$-Konfidenzbereich, der aus den Werten von n unabhängigen, identisch verteilten Zufallsvariablen $X_i$ mit der Verteilungsfunktion $F(x_1,x_2,\ldots,x_N)$ ermittelt wurde. Ist X eine zukünftige Beobachtung, die der gleichen Verteilung wie die $X_i$ folgen möge, dann gilt

$$(2.72) \qquad E[\,U(S)\,] = \gamma = P(\,X \in S\,) \qquad ,$$

wobei U(S) mit Formel (2.73) definiert ist:

$$(2.73) \qquad U(S) = \int_S dF(x_1,x_2,\ldots,x_N) \qquad .$$

◇

(Paulson formuliert dieses Lemma allgemeiner und betrachtet nicht nur eine Zufallsvariable X, sondern eine Folge von Zufallsvariablen $(X_1,X_2,\ldots,X_k)$, die durch eine Funktion verknüpft sein dürfen. In dieser Version wäre etwa eine Beurteilung des Durchschnittes oder anderer Funktionen der Werte von k zukünftigen Realisationen möglich, was aber in dieser Arbeit nicht weiter dargestellt wird.)

Beweis zu Lemma 2.3 (Paulson (1943), Guttman (1970b))

Der Beweis des Lemmas folgt sofort aus bekannten Definitionen, denn ist, wieder in abgekürzter Notierung, dG(s) das Wahrscheinlichkeitselement von S, so ist auch wegen der Definition von Erwartungswerten (vgl. dazu zum Beispiel Mood, Graybill und Boes (1974))

$$(2.74) \qquad E[\,U(S)\,] = \int_{\mathbb{R}^N} U(s)\; dG(s)$$

und damit auch

$$(2.75) \quad E[\,U(S)\,] = \int_{\mathbb{R}^N} \int_{s \subset \mathbb{R}^N} dF(x_1,x_2,\ldots,x_N)\, dG(s) \quad .$$

Die rechte Seite der Beziehung (2.75) ist aber gerade die Wahrscheinlichkeit, daß die zukünftige Realisation der Zufallsvariablen X im Konfidenzbereich S liegt, woraus die Behauptung folgt.

◇

Mit diesem Lemma gestaltet sich der Beweis zu Theorem 2.7 sehr einfach:

<u>Beweis zu Theorem 2.7 (Guttman (1970b))</u>

Faßt man die Grenzen des Normbereiches S aus Theorem 2.7 als $\gamma \cdot 100\%$ - Konfidenzgrenzen für X bei zunächst unbekanntem $\gamma$ auf (vgl. dazu auch Wilks (1962)), so gilt nach Lemma 2.3 bzw. nach Formel (2.72) die Beziehung (2.76):

$$(2.76) \quad P(\,X \in S\,) = \gamma = E[\,U(S)\,] \quad .$$

Im Falle von nicht - parametrischen Normbereichen ist aus den Theoremen 2.1 bis 2.6 bekannt, daß U(S) einer Beta - Verteilung $I_\pi(r,n-r+1)$ folgt, woraus sich trivialerweise (vgl. wieder Mood, Graybill und Boes (1974)) der Erwartungswert von U mit (2.77) ergibt:

$$(2.77) \quad E[\,U(S)\,] = \frac{r}{n+1} \quad .$$

◇

Das Ergebnis von Theorem 2.7 ist für Normbereiche mit $\pi$ - Erwartung sicher nicht sehr überraschend, läßt aber für Normbereiche mit inneren oder äußeren Grenzen inhaltlich relevante Interpretationen zu. Deshalb soll bereits hier besonders auf Kapitel 4 ("Stichprobenumfangsplanung") und auf Kapitel 5 ("Multiple Anwendung von Normbereichen") hingewiesen werden, deren Inhalt im Zusammenhang mit Theorem 2.7 gesehen werden sollte.

Im Kontext des Lemmas von Paulson kann noch abschließend auf die Arbeiten von Wilks (1942) und Noether (1951) verwiesen werden, die sich mit verwandten Fragestellungen beschäftigen, aber hier ebenfalls nicht diskutiert werden.

## 3. Skalierungsinvariante nicht - parametrische Normbereiche

Abt (1977,1982) stellt einen wesentlichen Nachteil der oben beschriebenen Konstruktionsverfahren heraus. Abt zeigt in seinen Arbeiten anhand eines Beispiels, daß die Normbereiche aus Kapitel 2 in Hinblick auf praktische Anwendungen im allgemeinen von der jeweiligen Skalierung der betrachteten Variablen der N Dimensionen abhängen, also nicht invariant gegen lineare Transformationen der Achsenskalierung sind. (Dies gilt natürlich auch entsprechend für nicht-lineare Transformationen. Eine Beschränkung auf lineare Transformationen stellt aber sicher in Hinsicht auf Anwendungen in der Medizin und in der Biologie keine wesentliche Einschränkung dar.) Das Problem der Skalierungsabhängigkeit von Normbereichen kommt genau dann zum Tragen, wenn ein Normbereich für $N \geq 2$ Dimensionen (Variablen) konstruiert werden soll und sich die Maßeinheiten der betrachteten Variablen unterscheiden. Eine Ausnahme bilden trivialerweise Konstruktionsverfahren vom Wald'schen Typ, deren Ordnungsfunktionen lediglich Rangordnungen orthogonal bzw. parallel zu den N Koordinatenachsen implizieren.

Anhand des Beispiels von Tukey (1947) oder auch mit Hilfe von Abbildung 3 kann man die Abt'sche Argumentation leicht nachvollziehen, wenn man die bekannte Transformationsabhängigkeit von Winkeln bei affinen Abbildungen beachtet. (Dies wird im Zweidimensionalen in elementarer Weise etwa bei Köhler, Höwelmann und Krämer (1968) behandelt. Die multivariate Situation ergibt sich entsprechend zum Beispiel aus Kowalsky (1970).)

Eine formale Begründung für die im allgemeinen vorhandene Skalierungsabhängigkeit der bisher diskutierten Verfahren läßt sich mit einfachen Mitteln bereits im Zweidimensionalen ausführen. Dazu kann auf Abbildung 3 und die in (2.36) definierten Ordnungsfunktionen zurückgegriffen werden. In der Literatur finden sich einige weitere Beispiele für skalierungsabhängige Konstruktionsverfahren, die ebenfalls leicht einzusehen sind und auch später zum Teil erläutert werden.

Sind $(x_i, y_i)$ Beobachtungen, denen ein Koordinatensystem mit beliebigen Maßeinheiten zugrunde liegen möge, und bezieht man sich auf diese Einheiten, so kann die Steigung der Ordnungsfunktionen $h_s$ aus Formel (2.36),

$$(3.1) \qquad h_s(x,y) = ax + by \qquad ,$$

unter Mißachtung der Parallelen zur Ordinate nur mit

$$(3.2) \qquad c = -\frac{a}{b} = \text{const.}$$

angegeben werden. (Für das Beispiel aus der Arbeit von Tukey (1947) ergibt sich die gleiche Argumentation.) Liegt ein weiteres, beliebiges System von Einheiten vor, das mit dem ersten durch die Transformation (3.3),

$$(3.3) \qquad \binom{x^*}{y^*} = \binom{x}{y}^* = \begin{pmatrix} t_x & 0 \\ 0 & t_y \end{pmatrix} \cdot \binom{x}{y} = T \cdot \binom{x}{y}$$

verknüpft ist, so folgt (bezogen auf das ursprüngliche Koordinatensystem) mit Formel (3.2), daß

$$(3.4) \qquad c^* = -\frac{a}{b} \cdot \frac{t_y}{t_x} = c \cdot \frac{t_y}{t_x} \qquad .$$

Im allgemeinen ist natürlich $t_x \neq t_y$ und damit auch $c \neq c^*$ anzunehmen, woraus die Skalierungsabhängigkeit des Konstruktionsbeispiels, ebenso wie die des Beispiels von Tukey, folgt. Das heißt, es ist

$$(3.5) \qquad S \not\Leftrightarrow S^* \qquad (\text{"Skalierungsabhängigkeit"}) \qquad .$$

Es stellt sich also die Frage nach skalierungsinvarianten Normbereichen bzw. Konstruktionsverfahren. Die Interpretation der Skalierungsänderungen mit Euler'schen Affinitäten legt es nahe, bei der Konstruktion von nicht-parametrischen Normbereichen nur Konstruktionselemente zu benutzen, die invariant gegen affine Abbildung sind; die in diesem Kapitel beschriebenen Konstruktionsverfahren stützen sich im wesentlichen auf die Invarianzeigenschaften der Parallelität.

Zuvor soll noch auf eine Schwierigkeit bei der Definition des Begriffes "multivariat" hingewiesen werden, die, im Gegensatz zu der parametrischen Betrachtungsweise ("Hauptachsentransformation"!), im nicht-parametrischen Fall von Bedeutung ist. Eine multiple Betrachtung von mehreren Variablen (das Wald'sche Verfahren stellt hierzu ein Beispiel dar, vgl. aber auch Kapitel 5) bedeutet sicher in der elementarsten Form bereits eine multivariate Betrachtung, trotzdem ist es aber wünschenswert und sinnvoll, auch die Zusammenhänge zwischen den einzelnen Variablen bzw. Dimensionen zu erfassen, also den "Korrelationen" gerecht zu werden; Beispiele finden sich in der Einleitung.

Das in Abschnitt 3.1 dargestellte Konstruktionsverfahren ("Parallelogramm-Verfahren") von Abt (1982) berücksichtigt die $\binom{N}{2}$ paarweisen Korrelationen zwischen den N Variablen. In dieser Arbeit wird auch ein Ansatz zu einer Methode skizziert ("Tetraeder-Verfahren"), die im Fall von $N = 3$ Dimensionen nicht nur die paarweisen Korrelationen, sondern auch die komplexere Tripel-Korrelation zwischen den drei Variablen berücksichtigt. In Abschnitt 3.2 wird eine Konstruktionsmethode vorgestellt (Ackermann (1983a)), die neben den jeweils paarweisen auch simultan alle höheren Tripel-, Quadrupel- etc. Korrelationen der N Variablen im $\mathbb{R}^N$ berücksichtigt.

Einige Vor- und Nachteile bezüglich der praktischen Anwendung und des Stichprobenumfangsbedarfes dieser beiden Verfahren werden später an geeigneten Stellen diskutiert.

Die beiden skalierungsinvarianten Konstruktionsverfahren aus den Abschnitten 3.1 und 3.2 sind rein geometrischer Natur, so daß auch weitgehend eine vektorielle Darstellungs- und Argumentationsweise gewählt wurde. Auf die übliche Unterscheidung der Vektoren von Skalaren durch einen Pfeil wurde verzichtet, da diese im gegebenen Kontext offensichtlich ist. Neben dieser formalen Notierung muß inhaltlich bemerkt werden, daß die auch in der parametrischen Statistik übliche vektoralgebraische Behandlung multivariater Probleme bei heterogenen Dimensionen einige Schwierigkeiten in sich birgt, die die verwendeten Abstandsmaße betreffen, wozu auf Kamke und Krämer (1977) verwiesen sei.

In den Arbeiten von Makosch, Ackermann und Hövels (1982a,1982b) werden erste medizinische Anwendungen der Ergebnisse dieses Kapitels anhand des Beispiels eines bivariaten Normbereiches für Körpergröße und -gewicht Neugeborener und von Normbereichen für Knochen-, Nieren- und Blutbildparametern von Kindern beschrieben. In diesen Arbeiten finden sich auch einige Überlegungen, die die Anwendung der Verfahren in der medizinischen Diagnostik betreffen. Dabei zeigen sich interessante Parallelen und Gemeinsamkeiten zu den Fragestellungen der Diskriminanz- und der Cluster-Analyse, wenn man bedenkt, daß "Norm"-Bereiche nicht nur für medizinisch "Gesunde", sondern auch für "Kranke" verschiedener Diagnosen berechenbar sind. Ein in der erstgenannten Arbeit skizziertes Beispiel zeigt aber, daß diese Aspekte bislang nur in pragmatischen Ansätzen berücksichtigt wurden und sicher noch einer grundlegenden Ausarbeitung bedürfen.

## 3.1 Das Parallelogramm - Verfahren

In den Arbeiten von Abt (1977,1982) wird ein erstes skalierungsinvariantes Konstruktionsverfahren für nicht - parametrische Normbereiche vorgestellt und anhand eines Beispiels beschrieben. Diese Methode beruht auf den Arbeiten von Tukey (1947,1948) und Fraser (1951,1953), die bereits im ersten Kapitel in zusammengefaßter Form dargestellt wurden. Die Voraussetzungen für diese Verfahren, insbesondere die der Verteilungseigenschaften der Ordnungsfunktionen, die sich per definitionem ergeben, müssen nicht mehr eigens erwähnt werden.

Abbildung 4 gestattet einen einfachen Zugang zu der Konstruktionsmethode des "Parallelogramm - Verfahrens":

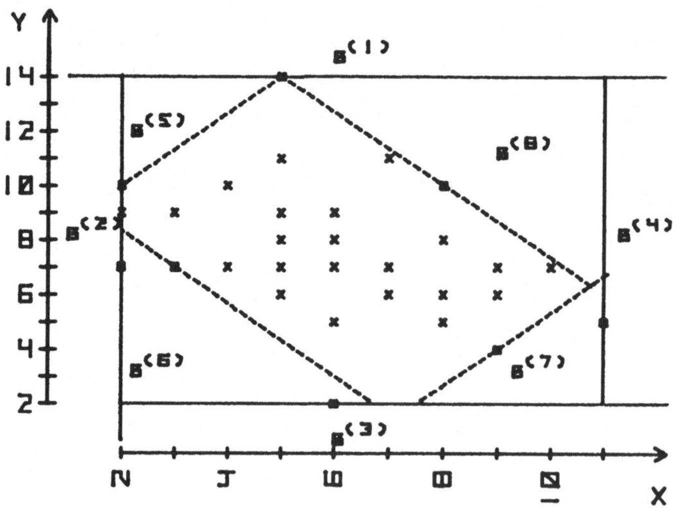


ABB. 4: BEISPIEL FUER DIE KONSTRUKTION EINES NICHT - PARAMETRISCHEN, SKALIERUNGSINVARIANTEN NORMBEREICHES

In Abbildung 4 wird der Konstruktionsprozeß für einen bivariaten Normbereich nach dem Abt'schen Parallelogramm - Verfahren veranschaulicht. Der graphischen Darstellung liegen Programme von Ackermann (1977,1979) zugrunde. Die zweidimensionalen Beobachtungen $(x_i, y_i)$, $i=1,2,\ldots,30$, sind zur einfacheren Nachvollziehbarkeit des Beispiels in Tabelle 2 aufgelistet:

| i | x | y | I | i | x | y | I | i | x | y |
|---|---|---|---|---|---|---|---|---|---|---|
| 1 | 2 | 7 | I | 11 | 5 | 9 | I | 21 | 7 | 11 |
| 2 | 2 | 9 | I | 12 | 5 | 11 | I | 22 | 8 | 5 |
| 3 | 2 | 10 | I | 13 | 5 | 14 | I | 23 | 8 | 6 |
| 4 | 3 | 7 | I | 14 | 6 | 2 | I | 24 | 8 | 8 |
| 5 | 3 | 9 | I | 15 | 6 | 5 | I | 25 | 8 | 10 |
| 6 | 4 | 7 | I | 16 | 6 | 7 | I | 26 | 9 | 4 |
| 7 | 4 | 10 | I | 17 | 6 | 8 | I | 27 | 9 | 6 |
| 8 | 5 | 6 | I | 18 | 6 | 9 | I | 28 | 9 | 7 |
| 9 | 5 | 7 | I | 19 | 7 | 6 | I | 29 | 10 | 7 |
| 10 | 5 | 8 | I | 20 | 7 | 7 | I | 30 | 11 | 5 |

Tabelle 2: Daten zur Konstruktion des Normbereiches aus Abbildung 4.

Im ersten Schritt zur Definition des bivariaten Normbereiches wird zunächst ein Rechteck mit achsenparallelen Kanten um bzw. durch die $n=30$ Punkte gelegt, womit die Blöcke $B^{(j)}$, $j=1,\ldots,4$, definiert sind. Bei der Definition des Blockes $B^{(2)}$ führt die Schnittfunktion (Gerade) durch drei Punkte mit dem Abszissenwert $x=2$. Zur Definition des Schnittes wird der Punkt $(x_1, y_1) = (2,7)$ mit Hilfe von gleichverteilten Zufallszahlen ausgewählt.

Die Rechtfertigung der Bezeichnung "Parallelogramm - Verfahren" ergibt sich aus der Definition der Blöcke $B^{(5)},\ldots,B^{(8)}$. Dazu werden die beiden Diagonalen des Rechteckes konstruiert, die erste, bezogen auf das abgebildete Koordinatensystem, mit der Steigung 4/3, die zweite mit der Steigung -4/3. Zur Definition des 5. Schnittes wird "von links oben" (unter Verwendung der Ordnungsfunktion $h_5(x,y)=x-y$) eine zur ersten Diagonalen parallele Gerade an die verbliebenen n-4

Punkte gelegt. Diese trifft den Punkt $(x_3,y_3) = (2,10)$, womit der Schnitt für den Block $B^{(5)}$ definiert ist. Der Block $B^{(6)}$ wird durch eine Gerade mit der Steigung -4/3, also parallel zur zweiten Diagonalen "von links unten" (unter Verwendung der Ordnungsfunktion $h_6(x,y) = x+y$) an die Punkte herangelegt; der Punkt $(x_4,y_4) = (3,7)$ definiert den 6. Schnitt und damit den Block $B^{(6)}$. Wird der Prozeß analog für die Blöcke $B^{(7)}$ und $B^{(8)}$ durchgeführt, so erhält man mit den angelegten Geraden das erste Parallelogramm. Bildet man die Diagonalen dieses Parallelogramms, dann kann die Konstruktion mit der Definition der Blöcke $B^{(9)}$ bis $B^{(12)}$ fortgesetzt werden, worauf aber hier verzichtet wird. Es kann jedoch bereits hier festgehalten werden, daß die Steigungen der Geraden, die zur Definition der Blöcke $B^{(5)}$ bis $B^{(8)}$ (und auch der nachfolgenden) verwendet werden, nicht vor Konstruktionsbeginn festgelegt sind, wie dies etwa im Beispiel von Abbildung 3 der Fall ist, sondern erst nach Durchführung der ersten vier Konstruktionsschritte ermittelt werden. Dies kommt auch in der nachfolgenden Formalisierung der Abt'schen Konstruktionsmethode zum Ausdruck und ist für den Nachweis der Skalierungsunabhängigkeit des Verfahrens von grundlegender Bedeutung.

Die skizzierte Konstruktion erfolgt in Übereinstimmung mit den Ergebnissen von Fraser (1951), wonach die Ordnungsfunktionen $h_s$ von der Form der bereits eliminierten Blöcke abhängen dürfen; den Ordnungsfunktionen entsprechen hier Geraden, die parallel zu den Diagonalen des jeweils vorhergehenden Parallelogramms verlaufen und damit von der Form der bereits eliminierten Blöcke abhängig sind. Die Reihenfolge dieser Geraden kann auch hier wieder nach den Ergebnissen von Fraser (1953) mittels Zufallszahlen festgelegt werden, wobei, bedingt durch die geometrische Überlegung, die Reihenfolge von jeweils vier Geraden des Rechtecks oder eines Parallelogrammes randomisiert werden sollte. Bei einer systematischen Reihenfolge, wie oben beschrieben, würde sich der Normbereich im allgemeinen aus der Richtung der jeweils ersten Geraden verlagern, was durch eine randomisierte Reihenfolge weitgehend vermieden werden kann.

Diese graphische Präsentation kann ohne weiteres mit Hilfe der Terminologie des ersten Abschnittes formalisiert werden. Die Konstruktion eines Parallelogramms bzw. Rechtecks wird aus ersichtlichen Gründen als "Umlauf" bezeichnet. Die Darstellung erfolgt zunächst für den Raum $\Omega = \mathbb{R}^2$ .

Der erste Index von G bedeutet hier den Index der Variablen (" 1 " entspricht x, " 2 " entspricht y), der zweite die Art des Extremums (" 1 " bedeutet ein Minumum, " 2 " ein Maximum). Die Indices i und j der Schnittpunkte $p_{ij}$ sind aus den jeweils zweiten Indices der Geraden ersichtlich; zum Beispiel ist $p_{12}$ der Schnittpunkt der Geraden $G_{11}^{o}$ ("Minimum in x") und $G_{22}^{o}$ ("Maximum in y"). Mit diesen Bezeichnungen sind $s_1^o$ und $s_2^o$ die Richtungsvektoren der Diagonalen des Rechtecks und $c_1$ und $c_2$ die Steigungen dieser beiden Vektoren (vgl. auch Abbildung 5):

$$
(3.7) \quad \begin{cases} s_1^o = p_{22}^o - p_{11}^o & \Rightarrow \quad c_1^o = s_{1y}^o / s_{1x}^o \\ s_2^o = p_{12}^o - p_{21}^o & \Rightarrow \quad c_2^o = s_{2y}^o / s_{2x}^o \end{cases}
$$

Im M-ten Umlauf sind die vier Ordnungsfunktionen $h_s$ durch die Gleichungen (3.8) definiert, woraus sich auch die entsprechenden Gleichungen $G_{ij}$ der Schnittfunktionen ergeben. (Falls $s_1^{M-1}$ parallel zur Ordinate verläuft, so sind, in Abweichung von (3.8), die Funktionen $h_{11}^{M}$ und $h_{12}^{M}$ mit den Funktionen $h_{11}^{o}$ und $h_{12}^{o}$ identisch. Dieses definitionstechnische Problem wird in (3.8) ignoriert.)

$$
(3.8) \quad \begin{cases} h_{4M+1} = h_{11}^{M}(x,y) = y - c_1^{M-1} \cdot x & \Rightarrow \quad G_{11}^{M} \\ h_{4M+2} = h_{12}^{M}(x,y) = -(y - c_1^{M-1} \cdot x) & \Rightarrow \quad G_{12}^{M} \\ h_{4M+3} = h_{21}^{M}(x,y) = y - c_2^{M-1} \cdot x & \Rightarrow \quad G_{21}^{M} \\ h_{4M+4} = h_{22}^{M}(x,y) = -(y - c_2^{M-1} \cdot x) & \Rightarrow \quad G_{22}^{M} \end{cases}
$$

Mit Hilfe der Gleichungen (3.8) kann man nun die Richtungsvektoren $s_j^M$ (j=1,2) der Diagonalen und deren Steigungen $c_j^M$ analog zu (3.7) bestimmen und das Verfahren fortsetzen.

◇

Die Skalierungsinvarianz dieses Konstruktionsverfahrens läßt sich bei N = 2 Dimensionen auf der Basis von linearen Abbildungen zeigen:

Skalierungsinvarianz des Konstruktionsverfahrens 3.1

Die Konstruktion eines Normbereiches nach dem Parallelogramm-Verfahren möge bis zum k-ten Schritt bei verschiedenen Skalierungen im $\mathbb{R}^2$ und im (zur Kennzeichnung mit einem "*" versehenen) $\mathbb{R}^{2^*}$ äquivalente Bereiche ergeben:

$$(3.9) \qquad (x,y) \in \overline{B}^{(k)} \quad \Leftrightarrow \quad (x^*,y^*) \in \overline{B}^{(k)*} \quad .$$

Bezeichnet man die Dehnungsfaktoren der Koordinatenachsen wie in Gleichung (3.3) mit $t_x$ und $t_y$, so ist wegen

$$(3.10) \qquad s_i^* = \begin{pmatrix} t_x & 0 \\ 0 & t_y \end{pmatrix} \cdot s_i$$

auch

$$(3.11) \quad c^* = \frac{t_y}{t_x} \cdot c \quad .$$

Liefert nun im (k+1)-ten Schritt $(x,y) \in \overline{B}^{(k)}$ im $\mathbb{R}^2$ das Extremum, dann muß $(x^*,y^*) = (t_x x, t_y y) \in \overline{B}^{(k)*}$ im $\mathbb{R}^{2^*}$ das Extremum liefern, denn ist dies für ein $(x'^*,y'^*)$ der Fall, so muß

$h(x'^*,y'^*) = \pm(y'^* - c^*x'^*) < h(x^*,y^*) = \pm(y^* - c^*x^*)$ gelten und damit auch $\pm(y' - cx') < \pm(y - cx)$ bzw. $h(x',y') < h(x,y)$ sein, was zu einem Widerspruch führt.

Es folgt nun die Äquivalenz der Geraden $G_{ij}$ und $G^*_{ij}$ und damit wegen der Invarianzeigenschaften der Euler'schen Affinität aus (3.3) die der $p_{ij}$ und $p^*_{ij}$, womit die Skalierungsinvarianz der zweidimensionalen Normbereiche S und S*, das heißt

$$(3.12) \qquad (x,y) \in S \quad \Leftrightarrow \quad (x^*,y^*) \in S^* \quad ,$$

evident ist. (Interpretiert man die Ordnungsfunktionen inhaltlich als Rangordnungen parallel zu den $s_j$, so ist die Äquivalenz wegen der Invarianz der Parallelität ebenfalls sofort einzusehen.)

<>

Abt (1982) beschreibt in seiner Arbeit eine Verallgemeinerung seines Verfahrens auf $N > 2$ Dimensionen. In den ersten 2N Konstruktionsschritten wird mit Hilfe von 2N Ordnungsfunktionen $h_s$, die analog zu Formel (3.6) definiert werden können, ein N-dimensionaler Quader $\overline{B}^{(2N)}$ konstruiert. Die weitere Konstruktion erfolgt nun in den $\binom{N}{2}$ Projektionen des $\mathbb{R}^N$ in die zweidimensionalen Unterräume $\mathbb{R}^2_{kl}$ mit $1 \leq k < l \leq N$, in denen gemäß Konstruktion 3.1 verfahren wird; zweckmäßigerweise wird man hierbei unter einem "Umlauf" die Konstruktion von $\binom{N}{2}$ Parallelogrammen in den Unterräumen $\mathbb{R}^2_{kl}$ bzw. von $4\cdot\binom{N}{2}$ Schnittfunktionen verstehen. Die Reihenfolge der Ordnungsfunktionen kann für den N-dimensionalen Quader und innerhalb jedes Umlaufes wieder in Übereinstimmung mit Fraser (1953) randomisiert festgelegt werden.

Die folgende Abbildung illustriert den Konstruktionsprozeß in den drei Projektionsebenen des Raumes $\Omega = \mathbb{R}^3$. Zur graphischen Darstellung wurde ein Programm von Ackermann (1979) verwendet.

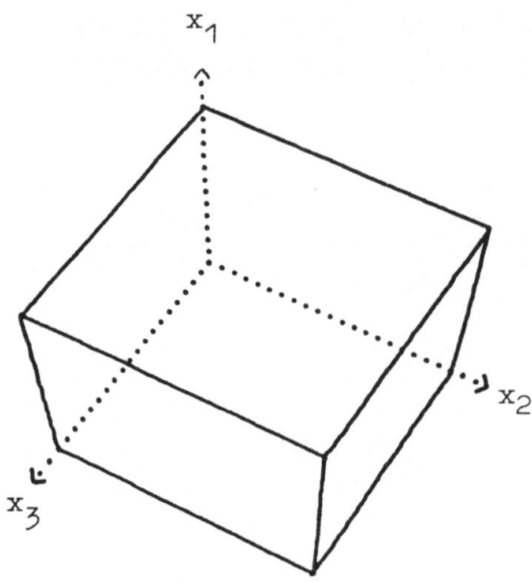


Abb. 6a: Quader

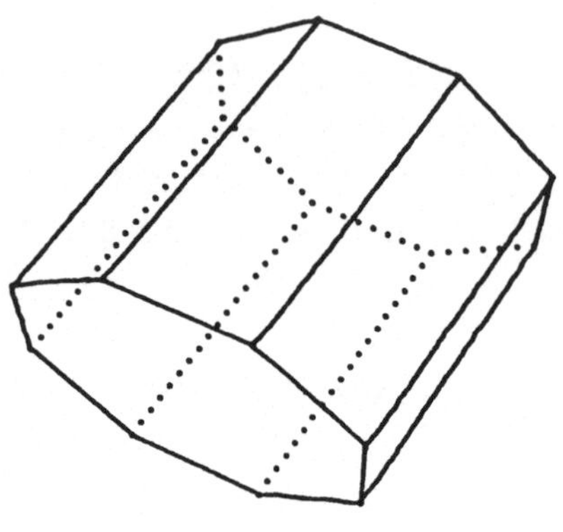

Abb. 6b: Schnitt des Quaders orthogonal zur $(x_1,x_2)$-Ebene

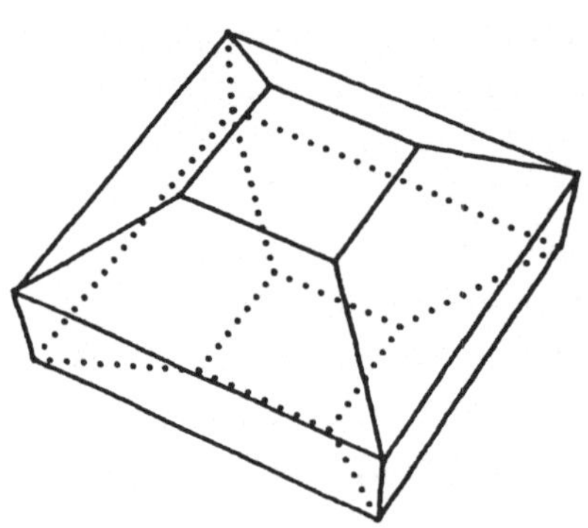

Abb. 6c: Schnitt des Körpers aus Abb. 6b orthogonal zur $(x_1,x_3)$-Ebene

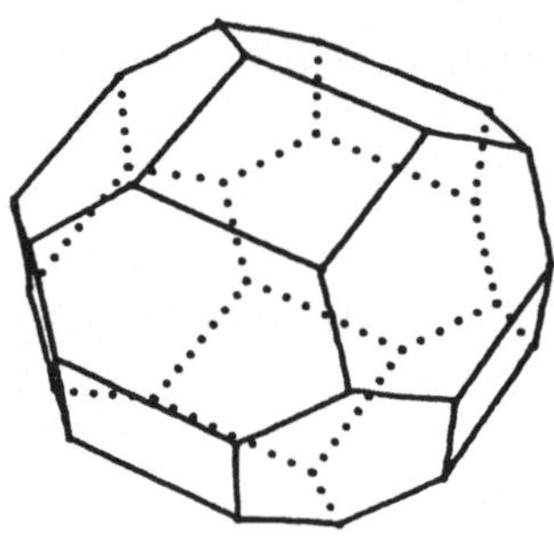

Abb. 6d: Schnitt des Körpers aus Abb. 6c orthogonal zur $(x_2,x_3)$-Ebene

Abbildung 6: Beispiel für den Konstruktionsprozeß eines dreidimensionalen Normbereiches nach dem Parallelogramm-Verfahren. Die abgebildeten Körper sind aus Gründen der Anschaulichkeit symmetrisch, was bei realistischen Normbereichen im allgemeinen nicht der Fall ist.

Zur Konstruktion des N - dimensionalen Quaders und für M folgende Umläufe sind also mindestens

$$(3.13) \quad m_{N,M} = 2 \cdot N + 4 \cdot \binom{N}{2} \cdot M$$

Beobachtungen erforderlich, was bei der Planung einer Studie zur Erhebung von Normbereichen beachtet werden sollte; vgl. dazu auch die Kapitel 4 und 6. Wenn sich aus der Stichprobenumfangsplanung (diese wird erst im nächsten Kapitel diskutiert) für einen Wert von M die Anzahl zu eliminierender Blöcke mit $m \neq m_{N,M}$ ergibt, so besteht trotz Randomisierung der Reihenfolge der Ordnungsfunktionen die Gefahr, daß der resultierende Normbereich in die Richtung der "fehlenden" Blöcke verlagert wird. In Kapitel 4 finden sich einige weitergehende Überlegungen, um diesem Problem Abhilfe zu schaffen. Dort wird auch ein einfaches praktisches Beispiel diskutiert.

Der Nachweis der Skalierungsinvarianz kann in ähnlicher Weise wie der Konstruktionsprozeß von der bivariaten auf die multivariate Situation übertragen werden. Eine formale Darstellung der Konstruktion und der Skalierungsinvarianz des Verfahrens ist zwar analog zur bivariaten Situation, trotzdem aber recht umfangreich, und wird deshalb übergangen; vgl. dazu Ackermann (1980).

Bei der Anwendung von nicht - parametrischen Normbereichen tritt neben dem in Theorem 2.7 diskutierten Problem der Prädiktions-Wahrscheinlichkeit eine weitere Schwierigkeit auf, denn man möchte zu einer gegebenen Beobachtung $x \in \mathbb{R}^N$ auch entscheiden können, ob diese im Normbereich S enthalten ist oder nicht. Formal bedeutet dies die Definition einer Entscheidungsfunktion $\psi_S(x)$. Im Zweidimensionalen mag sich eine solche Definition sicher erübrigen, wenn man die graphische Darstellung des Normbereiches S zu Hilfe nimmt, im höherdimensionalen Fall ist die Fragestellung im allgemeinen nicht trivial. In Abschnitt 3.3 wird für Normbereiche nach Konstruktion 3.2 eine multivariate Entscheidungsfunktion $\psi_S$,

$$(3.14) \quad \psi_S : \mathbb{R}^N \rightarrow \{0, 1\}$$

definiert, die sich ohne weiteres auf das Abt'sche Verfahren anwenden läßt, wenn man die Funktion $\psi_S$ in multipler Weise auf alle $\binom{N}{2}$ zweidimensionalen Projektionsebenen überträgt. Eine formale Darstellung wurde von Ackermann (1980) gegeben.

Um an dieser Stelle aber keinen unzulässigen Vorgriff zu gestatten, kann man die Eigenart von Normbereichen nach Konstruktion 3.1, die nur die paarweisen Korrelationen zwischen den Variablen berücksichtigt, ausnützen und eine multiple graphische Beurteilung in allen $\binom{N}{2}$ Projektionsebenen durchführen, was in Hinblick auf die praktische Verwendbarkeit sicher eher von Vorteil ist. Damit tritt aber eine unter praktischen Gesichtspunkten grundsätzliche Schwäche von multivariaten Normbereichen zu Tage: Ein medizinischer Diagnostiker bevorzugt univariate Normbereiche in Form einer unteren und einer oberen Grenze, deren numerische Werte sich leicht einprägen, ein bivariater Normbereich verlangt im allgemeinen bereits die Hinzunahme eines bedruckten Blattes Papier, ein multivariater Bereich gar die eines Rechners, was sich beim Stand der Diskussion für die multivariate Diagnosefindung eher als hinderlich zu erweisen scheint. Trotzdem wird die Darstellung mit Abschnitt 3.2 fortgesetzt.

## 3.2 Die Hauptachsen - Methode

In der Arbeit von Ackermann (1983a) wird ein weiteres skalierungsinvariantes Konstruktionsverfahren diskutiert. Diese Methode orientiert sich an dem in Kapitel 2 dargestellten Ergebnis von Kemperman (1956) und erfaßt neben den jeweils paarweisen Korrelationen auch die "höheren" Zusammenhänge zwischen den betrachteten Variablen. Eine Untersuchung der von Kemperman (1956) geforderten Voraussetzungen bezüglich der Verteilungseigenschaften der Ordnungsfunktionen erübrigt sich in Hinblick auf deren Definition in Formel (3.20) auch hier.

Zum Verständnis des Konstruktionsprinzips wird wieder ein Beispiel für einen bivariaten Normbereich erläutert:

In Abbildung 7 werden $n = 12$ Beobachtungen (Punkte) dargestellt. Zur Bestimmung des Normbereiches sollen $m = 8$ Blöcke eliminiert werden, um als Residualmenge $\bar{B}^{(8)}$ den gewünschten Bereich S zu erhalten. Analog zu den Beispielen von Tukey (1947) und Abt (1982) werden in den ersten vier Schritten mit Hilfe der Ordnungsfunktionen $h_1 = x$, $h_2 = y$, $h_3 = -x$ und $h_4 = -y$ die ersten vier Blöcke $B^{(1)}$, $B^{(2)}$, $B^{(3)}$ und $B^{(4)}$ definiert, womit sich wieder ein rechteckförmiger Bereich ergibt, dessen Kanten parallel zu den Koordinatenachsen verlaufen. Die Form dieses Rechteckes spielt im weiteren Konstruktionsprozeß keine explizite Rolle, es erweist sich aber wieder als zweckmäßig, die Konstruktion der ersten vier und aller jeweils vier weiteren Blöcke als abgeschlossene Konstruktionsabschnitte aufzufassen und als "Umlauf" zu bezeichnen; die Beziehung zwischen der Anzahl m der zu eliminierenden Blöcke ist also, im Zweidimensionalen, die gleiche wie in Abschnitt 3.1 (Formel (3.13) für $N = 2$):

$$(3.15) \qquad m_M = 4 + 4 \cdot M = 4 \cdot (M + 1) \quad .$$

Diejenigen Punkte, die die Schnittfunktionen im ersten Umlauf definieren, sind in Abbildung 7 durch einen Stern gekennzeichnet. (Eine randomisierte Reihenfolge der Ordnungsfunktionen ist gleichermaßen wie bei den oben diskutierten Verfahren zulässig, vgl. Fraser (1953) oder Kemperman (1956). Auch hier ist es natürlich nur sinnvoll, die Reihenfolge der Ordnungsfunktionen innerhalb eines Umlaufes zu randomisieren.)

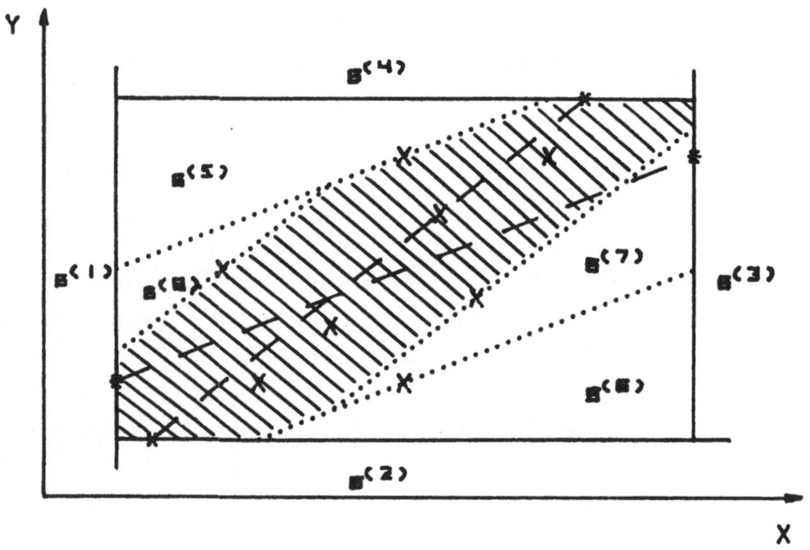


ABB. 7: BEISPIEL FUER DEN KONSTRUKTIONSPROZESS NACH DER HAUPTACHSENMETHODE

Im nächsten Umlauf werden die Punkte, die auf den jeweils parallelen Seiten des Rechteckes liegen, verbunden und die restlichen Blöcke $B^{(5)}$ bis $B^{(8)}$ durch Rangordnungen parallel zu diesen Verbindungsgeraden bestimmt. In Abbildung 7 sind die zugehörigen Schnittfunktionen durch gepunktete Linien gekennzeichnet. Als "Rest" (schraffierter Bereich) ergibt sich der gewünschte Normbereich $S = \overline{B}^{(8)}$.

Dieses Verfahren schließt im allgemeinen bereits mit dem ersten Parallelogramm aus dem ersten Umlauf die "Hauptachse" der vorliegenden Punkteverteilung "relativ gut" ein, wenn die betrachteten Variablen "relativ gut" korreliert sind. Im bivariaten Fall kann man sich dies leicht anhand von Abbildung 7 veranschaulichen und hieraus auch auf den multivariaten Fall von $N > 2$ Dimensionen, der im Anschluß dargestellt wird, übertragen. Bei nicht sehr engen Korrelationen wandern die Geraden (im mehrdimensionalen Fall entsprechen den Geraden Hyperebenen, vgl. weiter unten) "stochastisch" um die Punkteverteilung herum.

Eine Bestimmung von Normbereichen nach Konstruktion 3.2 impliziert, wie auch nachträglich zu Konstruktion 3.1 bemerkt werden muß, durch die Verwendung von Geraden bzw. Hyperebenen (Linearität ! ) einen gewissen Einfluß auf die Form der Normbereiche, die damit Blöcke beinhalten können, die, gemessen an ihrer geometrischen Ausdehnung, im Vergleich zu anderen Teilmengen von $\Omega$ eine relativ geringe Wahrscheinlichkeitsdichte besitzen. Eine weitere Eigenschaft der in den Formeln (3.6) bzw. (3.8) und (3.20) definierten Ordnungsfunktionen besteht darin, daß die konstruierten Normbereiche notwendig von konvexer Gestalt sind. Um bei einer medizinisch-diagnostischen Anwendung ein unkontrolliertes Ansteigen der Wahrscheinlichkeit für falsch negative Entscheidungen zu vermeiden, sollte die der Konstruktion zugrunde liegende Stichprobe nach Möglichkeit einer unimodalen Verteilung entstammen.

Eine Kompensierung dieser Nachteile durch eine Verwendung von nichtlinearen Ordungsfunktionen wird durch die Forderung der Skalierungsinvarianz problematisch. Bei Fraser (1953) findet sich ein Beispiel mit kreisförmigen Ordnungsfunktionen, die wegen der fehlenden Invarianz gegen lineare Transformationen zwangsläufig nicht-skalierungsinvariante Normbereiche ergeben.

Auf eine formale Beschreibung des Konstruktionsprozesses der Hauptachsen - Methode für $N = 2$ Dimensionen kann verzichtet werden, da diese aus der allgemeinen Darstellung des multivariaten Vorgehens folgt. Die Voraussetzungen für die Konstruktionsmethode 3.2 sind die gleichen wie für Konstruktion 2.5 bzw. 3.1 und werden deshalb nicht explizit ausgeführt.

Konstruktion 3.2 (Ackermann (1983a))

Es seien n Beobachtungen $x_i$,

$$(3.16) \quad x_i = (x_{i1}, x_{i2}, \ldots, x_{iN}) \in \mathbb{R}^N \quad , \quad i=1,2,\ldots,n \quad ,$$

und das kartesische Koordinatensystem $\left\{ e_i^{(o)} \right\}$ gegeben:

$$(3.17) \quad \mathbb{R}^N = [ \; e_i^{(o)} \mid i=1,2,\ldots,N \; ; \; e_i^{(o)} = (\delta_{ij}) \; ] \quad .$$

Zur Definition der Kemperman'schen Ordnungsfunktionen werden jetzt im 0-ten bzw. M-ten Umlauf die (N-1) - dimensionalen Hyperebenen $H_k^{(M)} \subset \mathbb{R}^N$ betrachtet, die von $\left\{ e_i^{(M)} \mid i=1,\ldots,k-1,k+1,\ldots,N \right\}$ aufgespannt werden:

$$(3.18) \quad H_k^{(M)} := [ \; e_i^{(M)} \mid i=1,2,\ldots,k-1,k+1,\ldots,N \; ] \quad .$$

Die Beobachtungen $x_i$, die noch nicht zur Definition einer Hyperebene H herangezogen wurden (und damit auch in keiner der Kemperman'schen Trennmengen B* liegen), werden parallel zu der Hyperebene $H_k^{(M)}$ranggeordnet, wozu die Projektionen der Werte $x_i$ auf den Basisvektor $e_k^{(M)}$ verwendet werden. (Die Vektoren $e_k^{(M)}$ werden hier "Basisvektoren" genannt, da sie ebenfalls den Raum $\mathbb{R}^N$ aufspannen, trotzdem werden die Koordinaten der $x_i$ nach wie vor auf das ursprüngliche System $\left\{ e_i^{(o)} \right\}$ bezogen.)

Äquivalent zu der Rangordnung der Projektionen der Werte $x_i$ auf $e_k^{(M)}$ ist eine Rangordnung auf dem orthogonalen Komplement der Hyperebene $H_k^{(M)}$; die Werte der Ordnungsfunktionen in Formel (3.20) und in (3.22) unterscheiden sich dabei höchstens um einen konstanten Faktor.

$p_k^{(M)}$ ist das orthogonale Komplement der Hyperebene $H_k^{(M)}$ (vgl. Formel (3.18)) und

$$(3.19) \qquad x' = \frac{p_k^{(M)} \cdot x}{(p_k^{(M)})^2} \cdot p_k^{(M)}$$

die orthogonale Projektion einer Beobachtung $x \in \mathbb{R}^N$ auf das orthogonale Komplement $p_k^{(M)}$. Damit kann ein Paar von Ordnungsfunktionen definiert werden, das die Rangordnung der Werte $x_i$ von beiden Seiten parallel zu der Hyperebene $H_k^{(M)}$ formalisiert (aus systematischen Gründen sollten die Ordnungsfunktionen und die eliminierten Blöcke numeriert werden, wozu $t = M \cdot 2N+2 \cdot (k-1)$ gesetzt wird):

$$(3.20) \qquad h_{t+j}(x) = h_{k_j}^{(M)}\left(x \mid H_k^{(M)}\right) = (-1)^{j+1} \cdot \frac{p_k^{(M)} \cdot x}{(p_k^{(M)})^2} \quad ; \; j = 1,2 \quad .$$

Daraus ergibt sich die Definition der Blöcke $B^{(t+j)}$ (zur Definition der Menge $\overline{B}^{(t+j-1)}$ vgl. die Konstruktion 2.3 von Tukey (1947)):

$$(3.21) \qquad B^{(t+j)} = \left\{ x \mid x \in \overline{B}^{(t+j-1)} \wedge h_{t+j}(x) < V_{(1)}^{(t+j)} \right\} \quad ; \; j = 1,2 \; ,$$

wobei mit Formel (3.22),

$$(3.22) \qquad V_{(1)}^{(t+j)} = h_{t+j}\left(x_{k_j}^{(M)}\right) \quad ; \; j = 1,2 \quad ,$$

die beiden Hyperebenen parallel zu $H_k^{(M)}$ festgelegt sind, die in diesem Verfahren die Schnittfunktionen darstellen.

Im Falle von Bindungen kann wieder einer der in Frage kommenden Werte durch einen Zufallsprozeß ausgewählt werden, um die Schnittfunktion bzw. die Hyperebene zu repräsentieren. Das gleiche gilt für die Reihenfolge der Ordnungsfunktionen innerhalb eines Umlaufes, die ebenfalls in einer randomisierten Reihenfolge angewendet werden können.

Die Werte $x_{k_j}^{(M)}$, die einen Schnitt definieren, werden aus bekannten Gründen im weiteren Verlauf des Konstruktionsprozesses nicht mehr berücksichtigt, was auch aus der Definition (3.21) der Blöcke $B^{(t+j)}$ ersichtlich ist. Vgl. dazu auch den Beweis des Theorems 2.6 von Kemperman (1956); die $x_{k_j}^{(M)}$ sind Elemente von Trennmengen $B^*$.

Zum Abschluß jedes Umlaufes wird mit Hilfe der aktuellen Werte $x_{k_j}^{(M)}$ ein neues System von Basisvektoren für den nächsten Umlauf konstruiert:

$$(3.23) \quad e_k^{(M+1)} = x_{k_2}^{(M)} - x_{k_1}^{(M)} \quad ; \; k = 1,2,\ldots,N \quad .$$

Im allgemeinen sind die Vektoren $e_k^{(M+1)}$ aus Formel (3.23) linear unabhängig und bilden somit eine Basis des Raumes $\mathbb{R}^N$. Sollte dies nicht der Fall sein, so kann man mit einfachen Mitteln der linearen Algebra mit den Basisvektoren $e_i^{(o)}$, $i = 1,2,\ldots,N$, über den Steinitz'schen Austauschsatz eine vollständige Basis des $\mathbb{R}^N$ ergänzen und mit diesen "korrigierten" Vektoren die Konstruktion fortsetzen.

$\diamond$

Zum Abschluß des Verfahrens resultiert ein Bereich $S \subset \mathbb{R}^N$, der von allen Paaren von parallelen Hyperebenen eingeschlossen wird. Auf dieser Basis wird in Abschnitt 3.3 eine Entscheidungsfunktion $\psi_S$ nach Formel (3.14) definiert.

Die nächste Abbildung zeigt für $N = 3$ Dimensionen ein Ergebnis der beschriebenen Konstruktionsmethode. Zur Darstellung wurden Graphik-Programme von Ackermann (1979) verwendet.

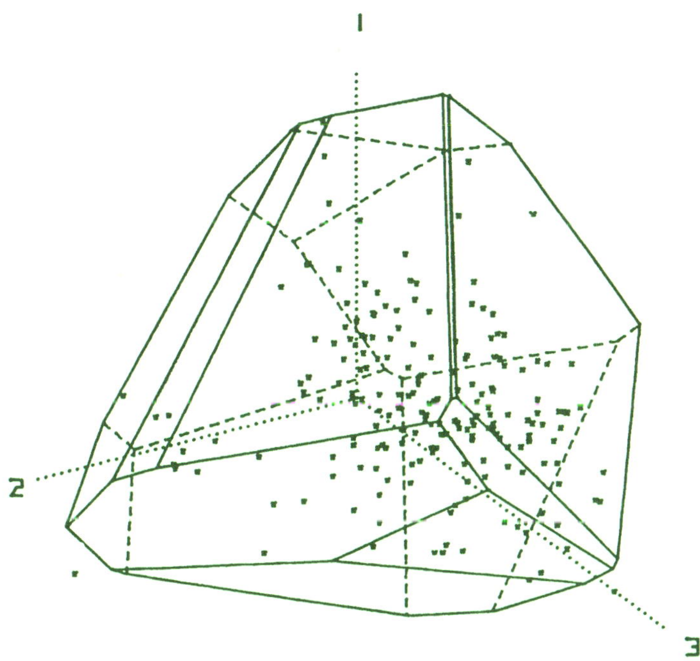


**ABB. 8: BEISPIEL EINES DREIDIMENSIONALEN NORMBEREICHES**

Abbildung 8 zeigt einen "realistischen" Normbereich für drei klinische Variablen (Alkalische Phosphatase (1), Parathormon (2) und 25-HCC (3)), der aus den Daten von $n = 196$ "gesunden" Kindern bestimmt wurde. Zur Konstruktion des Normbereiches wurden $m = 18$ Blöcke eliminiert (das ergibt drei Umläufe bzw. einen Quader und zwei Parallelepipede), um für $\pi = 0.95$ und $\alpha = 0.01$ einen Normbereich mit inneren Grenzen zu erhalten. Die Werte von m, n, $\pi$ und $\alpha$ sind im Rahmen von Kapitel 4, das sich mit der Stichprobenumfangsplanung bei Normbereichserhebungen beschäftigt, wieder von Interesse. Zur Wahl von $m = 18$ wurde die am Ende dieses Abschnittes angegebene Formel (3.25) berücksichtigt, um drei vollständige Umläufe durchzuführen. Die Daten zu diesem Beispiel entstammen einer Untersuchung von Hövels, Makosch, Bergmann et al. (1983).

Der Nachweis der Skalierungsinvarianz der Hauptachsen-Methode kann in Hinblick auf den des Parallelogramm-Verfahrens aus Abschnitt 3.1 kurz gefaßt werden.

Skalierungsinvarianz des Konstruktionsverfahrens 3.2

Eine unterschiedliche Wahl der Skalierungen soll wieder durch eine unterschiedliche Wahl der Basisvektoren $e_i^{(o)} = e_i$ charakterisiert werden. Die affine Transformation werde gemäß Formel (3.3) durch die Transformationsmatrix $T = (t_{ij} \cdot \delta_{ij})$ beschrieben; es sei $e_i^* = T \cdot e_i$ und entsprechend $x^* = T \cdot x$.

Liefert die Konstruktion für eine Abbildung T äquivalente Extrema $x_{k_j}^{(M)}$, $x_{k_j}^{(M)*}$ und äquivalente Basisvektoren $e_k^{(M+1)}$, $e_k^{(M+1)*}$,

$$(3.24)\quad \begin{cases} x_{k_j}^{(M)*} = T \cdot x_{k_j}^{(M)} \quad ; \; j = 1,2 \\ \\ e_k^{(M+1)*} = T \cdot e_k^{(M+1)} \end{cases}$$

so unterscheiden sich im (M+1)-ten Konstruktionsschritt die Werte der Ordnungsfunktionen höchstens um einen konstanten Faktor, weswegen sich auch im (M+1)-ten Schritt äquivalente Extrema und äquivalente Basisvektoren ergeben. Damit resultieren in analoger Schlußweise wie zu Konstruktion 3.1 wegen der Invarianz der Parallelität bei affinen Abbildungen äquivalente Bereiche S und S*, damit also auch die Äquivalenz (3.12).

$\diamond$

Im O-ten Schritt des Konstruktionsverfahrens wird wie in Konstruktion 3.1 ein N-dimensionaler Quader und in jedem folgenden Schritt ein N-dimensionales "Parallelepiped" konstruiert. Es zeigt sich, daß für die Konstruktion des Quaders und für die folgenden M Umläufe (vgl. auch Formel (3.15)) mindestens

$$(3.25) \quad m_{N,M} = 2 \cdot N \cdot (M+1)$$

Beobachtungen erforderlich sind, womit also dieses Verfahren zu einem gegebenen Stichprobenumfang n und einer Anzahl m zu definierender Blöcke eine größere Anzahl M von Umläufen gestattet als dies in Konstruktion 3.1 der Fall ist. Nach Möglichkeit sollten auch hier, mit der gleichen Begründung wie zum Verfahren 3.1, nur vollständige Umläufe durchgeführt werden, so daß die lineare Beziehung zwischen m und M in (3.25) eine Festlegung des Stichprobenumfanges unter Umständen erheblich erleichtert. In Kapitel 4 findet sich hierzu ein Beispiel.

Leser/innen, die an einer praktischen Anwendung der Hauptachsen-Methode interessiert sind, können auf die Arbeit von Ackermann (1984) verwiesen werden. Neben Programmen zur graphischen Präsentation von bivariaten Normbereichen findet sich dort für den allgemeinen Fall von $N \geq 2$ Dimensionen eine Beschreibung von FORTRAN- und BASIC-Programmen für Mini- und Mikro-Computer zur algorithmischen Realisierung der Hauptachsen-Methode und der im nächsten Abschnitt dargestellten Entscheidungsfunktion.

## 3.3 Eine Entscheidungsfunktion

Bei Ackermann (1983a) wird für Normbereiche nach Konstruktion 3.2 eine Entscheidungsfunktion $\psi_S$ nach Formel (3.14) mit

$$(3.26) \qquad \psi_S(x) = \begin{cases} 0 & \text{falls } x \in S \\ 1 & \text{falls } x \notin S \end{cases}$$

angegeben, die zu einer zukünftigen Beobachtung x prüft, ob diese in S enthalten ist oder nicht. Die Definition von $\psi_S(x)$ erfolgt hier für das zuletzt vorgestellte Verfahren 3.2. Aus der Betrachtung des bivariaten Falles kann man die Gleichung (3.28) durch Ersetzung korrespondierender Größen auf das Parallelogramm - Verfahren übertragen, worauf aber hier verzichtet wird.

Zunächst sei

$$(3.27) \qquad o_k^{(M)} = \frac{p_k^{(M)} \cdot e_k^{(M+1)}}{(p_k^{(M)})^2} \cdot p_k^{(M)}$$

die orthogonale Projektion des Basisvektors $e_k^{(M+1)}$ auf das orthogonale Komplement $p_k^{(M)}$ der Hyperebene $H_k^{(M)}$ .

$o_k^{(M)}$ ist "standardisiert" und orthogonal zu $H_k^{(M)}$; der Betrag von $o_k^{(M)}$ ist damit gerade gleich dem Abstand des Paares von Hyperebenen, die in Konstruktion 3.2 parallel zu $H_k^{(M)}$ verlaufen. Diese beiden Hyperebenen sind also durch die Beobachtung $x_{k_1}^{(M)}$ und durch $o_k^{(M)}$ eindeutig festgelegt. Ist nun

$$(3.28) \qquad \lambda_k^{(M)} \cdot o_k^{(M)} = \frac{o_k^{(M)} \cdot (x - x_{k_1}^{(M)})}{(o_k^{(M)})^2} \cdot o_k^{(M)}$$

die orthogonale Projektion von $(x - x_{k_1}^{(M)})$ auf $O_k^{(M)}$, so gilt

$$(3.29) \quad x \in S \Leftrightarrow [\ \forall M,k:\ 0 < \lambda_k^{(M)} < 1\ ] \quad ,$$

womit die Entscheidungsfunktion $\psi_S$ definiert werden kann.

## 4. Stichprobenumfangsplanung

Die Planung einer Studie zur Erhebung von nicht - parametrischen Normbereichen erfordert unter anderem die Festlegung eines Stichprobenumfanges n. Dazu muß die Definition (2.4) bzw. (2.5) von Normbereichen mit $\pi$ - Inhalt (Normbereiche mit $\pi$ - Erwartung werden erst am Ende dieses Kapitels behandelt), und, im "einfachsten" univariaten Fall, das Lemma 2.1 von Wilks (1941) zu Rate gezogen werden (die multivariate Situation ergibt sich entsprechend, wie aus Kapitel 2 ersichtlich ist):

$$(4.1) \quad P[\, U(S) \geq \pi \,] = 1 - I_{\pi}(r, n-r+1) = 1 - I_{\pi}(r, m) = \alpha \quad .$$

Formel (4.1) stellt den Zusammenhang zwischen den Größen $\pi$, $\alpha$, n und m her (es ist $r=n-m+1$); gibt man Werte von zum Beispiel $\pi$, $\alpha$ und m vor, so kann der Stichprobenumfang n als Lösung von Formel (4.1) bestimmt werden. Da n und m natürliche Zahlen sind, formuliert man (4.1) zweckmäßigerweise um,

$$(4.2) \quad P[\, U(S) \geq \gamma \geq \pi \,] = 1 - I_{\gamma}(r, m) = \alpha \quad ,$$

und fordert, daß mit der Lösung von Formel (4.2) noch $\gamma \geq \pi$ ist und die Differenz $\gamma - \pi$ minimal wird.

Mit Hilfe von Tabellen der Beta - Verteilung (vgl. zum Beispiel Pearson (1934), Thompson (1941) oder Pearson und Hartley (1972), in dem letztgenannten Tafelwerk finden sich auch Graphen zur Beta - Verteilung) kann man unter Berücksichtigung der Schrittweiten und der Bereiche von $\pi$, $\alpha$, n und m eine Stichprobenumfangsplanung angehen. In vielen Fällen, insbesondere für große Werte von n, sind diese Tabellen jedoch nicht ausreichend.

Eine erste Alternative zu der Verwendung von Tabellenwerken für die Beta - Verteilung bietet sich durch den bekannten Zusammenhang der unvollständigen Beta - Verteilung mit der Binomial - Verteilung an (vgl. dazu etwa Abramowitz und Stegun (1972)),

$$(4.3)\qquad I_\pi(r,m) = \sum_{j=r}^{n} \binom{n}{j} \cdot \pi^j \cdot (1-\pi)^{n-j} \qquad ,$$

so daß auch Tabellen für die Binomial - Verteilung verwendet werden können, was sich aber im allgemeinen als ein recht mühevolles Vorgehen erweist.

Scheffé und Tukey (1944) stellen in ihrer Arbeit eine approximative Lösung für n mit Hilfe der $\chi^2$ - Verteilung vor,

$$(4.4)\qquad n = m \cdot \frac{\left( \frac{\chi^2_{\alpha,2m}}{2m} - 1 \right) \cdot \sqrt{\pi} + 1}{1 - \pi}$$

wobei $\chi^2_{\alpha,2m}$ der Wert der $\chi^2$ - Verteilung mit 2m Freiheitsgraden ist, das heißt, es ist $P(\chi^2 \leq \chi^2_\alpha) = \alpha$. Diese Formel wurde ohne Beweis angegeben, aber durch ausführliche numerische Berechnungen belegt. Der Fehler von (4.4) wird in der zitierten Arbeit für Werte von $\alpha$: $0.900 \leq \alpha \leq 0.995$ (äußere Grenzen, vgl. Kapitel 2) und für $\pi \geq 0.900$ mit $0 < \epsilon < 0.1\%$ angegeben, für entsprechende innere Grenzen ergeben sich nach Berechnungen des Autors der vorliegenden Arbeit nur vernachlässigbare Abweichungen.

Für Werte von m: $m > 50$ kann in recht guter Näherung die Fisher'sche Quadratformel für $\chi^2$ verwendet werden, falls keine ausreichenden Tabellen oder Rechnerprogramme für die $\chi^2$ - Verteilung zur Verfügung stehen (vgl. Merrington (1941), Severo und Zelen (1960) oder wieder Abramowitz und Stegun (1972)):

$$(4.5) \quad \chi^2_{\alpha,2m} = \frac{1}{2} \cdot \left( \varphi_\alpha + \sqrt{4m-1} \right)^2 + \epsilon \quad .$$

$\varphi_\alpha$ ist der Wert der Gauß - Verteilung mit $P(\varphi \leq \varphi_\alpha) = \alpha$. Für exotische Werte von $\alpha$ kann $\varphi_\alpha$ mit Hilfe eines sehr genauen Algorithmus' von Moran (1980) bestimmt werden. Severo und Zelen (1960) und Abramowitz und Stegun (1972) geben weitere Approximationen für die Schwellenwerte der $\chi^2$ - Verteilung an, die auch für kleinere Werte von m akzeptabel sind. Die hier zitierte Formel (4.5) wird weiter unten wieder Verwendung finden.

Murphy (1948) gibt auf der Basis der Formel (4.4) von Scheffé und Tukey (1944) Graphen zur Bestimmung der Überdeckung $\pi$ für Werte $n \leq 500$ in Abhängigkeit von ausgewählten Werten von m und $\alpha$ an. Diese Graphen können natürlich auch umgekehrt zur Bestimmung des Stichprobenumfanges n, in Abhängigkeit von $\pi$, $\alpha$ und m, herangezogen werden, wobei aber nicht unerhebliche Ablesefehler in Kauf genommen werden müssen. Bei Somerville (1958) finden sich Tabellen, die diesen Nachteil, allerdings nur für relativ kleine Werte von n, etwas kompensieren. Somerville berechnet in Abhängigkeit vom Stichprobenumfang n die Anzahl m der zu eliminierenden Blöcke, woraus im Hinblick auf die Formeln (4.1) und (4.2) beachtliche Abweichungen vom erstrebten Populationsanteil $\pi$ entstehen können, da n, in Abhängigkeit von $\pi$ und $\alpha$, sehr viel "schneller läuft" als m. Diese Erläuterungen werden später im Zusammenhang mit den Arbeiten von Abt (1982) und Ackermann und Abt (1984), die sich mit der Stichprobenumfangsplanung auseinandersetzen, wieder von Bedeutung sein.

Peach und Littauer (1946) betrachten einige Gesichtspunkte zur Stichprobenumfangsplanung auf der Basis der Poisson-, Binomial-, der $\chi^2$- und der F - Verteilung. Birnbaum und Zuckerman (1949) geben Graphen zur Bestimmung eines minimalen Wertes von n an, so daß die Spannweite $R = x_{(n)} - x_{(1)}$ einen Normbereich mit $\pi$ - Erwartung gemäß Formel (4.1) darstellt. Entsprechende Tabellen finden sich auch zum Beispiel bei Owen (1962).

Grubbs (1949) greift die eben erwähnten Ergebnisse von Peach und Littauer (1946) auf und nutzt den bekannten funktionalen Zusammenhang zwischen der unvollständigen Beta - Verteilung und der F - Verteilung. Grubbs erhält damit eine explizite Formel zur Berechnung von $\gamma$, so daß die Formel (4.2) erfüllt ist:

$$\gamma = 1 - \frac{m \cdot F_{\alpha,2m,2\cdot(n-m+1)}}{(n-m+1) + m \cdot F_{\alpha,2m,2\cdot(n-m+1)}} \tag{4.6}$$

$F_{\alpha,2m,2\cdot(n-m+1)}$ ist der Wert der F - Verteilung mit den angegebenen Freiheitsgraden, $P(F \leq F_{\alpha}) = \alpha$.

Die zitierten Arbeiten betrachten, unter Vorgabe von jeweils drei der vier Werte der Variablen $\alpha$, $\pi$, n und m eine Lösung von Formel (4.1) bzw. (4.2) für die jeweils vierte Variable. Aus numerischen Gründen erscheint es aber sinnvoll,zunächst die Werte von $\alpha$ und $\pi$ und, als dritten Wert, den von m vorzugeben und hieraus den Stichprobenumfang n zu bestimmen, da eine Erhöhung des Wertes von m um 1 einen sehr viel größeren Einfluß auf $\gamma$ bzw. $\pi$ besitzt als dies bei einer Erhöhung von n, ebenfalls um 1, der Fall ist.

Möchte man nicht - parametrische Normbereiche mit Hilfe der Methoden aus Kapitel 3 bestimmen, so sollten, wie auch dort diskutiert wurde, bei der Planung des Stichprobenumfanges n die Formeln (3.13) bzw. (3.25) beachtet werden, die den Zusammenhang zwischen der Dimension N des Normbereiches, der Anzahl M der vollständigen Umläufe und der Anzahl m der zu eliminierenden Blöcke beschreiben. Es zeigt sich damit ein weiteres Argument für eine Vorgabe von Werten von $\alpha$, $\pi$ und m, denn mit der Vorgabe von insbesondere m kann man einen gewissen Einfluß auf die Form der resultierenden Normbereiche gewinnen. Im bivariaten Fall etwa kann man mit der Vorgabe von zum Beispiel $m = 3 \cdot 4 = 12$ erreichen, daß das Rechteck und zwei vollständige Parallelogramme konstruiert werden können.

In der Praxis bereitet die Vorgabe von m häufig Schwierigkeiten, wenn man nicht auf geeignete Tabellen zurückgreifen kann, denn ein Untersucher hat zwar im allgemeinen konkrete Vorstellungen über die ungefähre Größe des Stichprobenumfanges n, nicht aber über die Größe von m. Für Werte von m: $m \leq 50$ können die weiter unten angegebenen Tabellen 3, 4 und 5 zur Planung einer Studie herangezogen werden, für $m > 50$ geben Ackermann und Abt (1984) auf Grundlage der Formeln (4.4) und (4.5) eine einfache Näherungsformel für m an, wenn Werte von $\alpha$, $\pi$ und n vorgegeben sind:

$$(4.7) \qquad m' = n' \cdot (1-\pi) - \varphi_{\alpha} \cdot \sqrt{\pi \cdot n' \cdot (1-\pi)} + 0.8 \qquad .$$

Nach Vorgabe von $\alpha$, $\pi$ und eines projektierten Stichprobenumfanges n' kann man mit Hilfe von Formel (4.7) einen vorläufigen Wert m' bestimmen, und damit ein nächstes m ermitteln, das die Formel (3.13) bzw. die Formel (3.25) erfüllt. Mit diesem Wert von m kann nun der endgültige Stichprobenumfang n, zum Beispiel nach Formel (4.4), berechnet werden.

In den Arbeiten von Abt(1982) und Ackermann und Abt (1984) werden auf der Basis der Grubbs'schen Formel (4.6) Tabellen zur Stichprobenumfangsplanung angegeben; in der letztgenannten Arbeit finden sich Tabellen für sowohl innere als auch äußere Grenzen von Normbereichen, die in dieser Arbeit in modifizierter Form wiedergegeben werden. Zur Berechnung von inneren Grenzen,

$$(4.8) \qquad P[\, U(S) \leq \gamma \leq \pi \,] = 1 - \alpha \qquad ; \alpha < 0.5$$

wird für einen festen Wert von m der größte mögliche Wert des Stichprobenumfanges n bestimmt, so daß gerade noch $\gamma \leq \pi$ ist (daraus ergibt sich Tabelle 3). Für äußere Grenzen (Tabelle 4),

$$(4.9) \quad P[\, U(S) \geq \gamma \geq \pi \,] = \alpha \qquad ; \alpha > 0.5$$

wird analog vorgegangen: für ein festes m bestimmt man den kleinsten Wert von n, für den gerade noch $\gamma \geq \pi$ ist.

Für Werte von m und n außerhalb der Bereiche der Tabellen 3 und 4 kann man die Formel (4.4) von Scheffé und Tukey (1944) oder auch die approximative Formel (4.7) von Ackermann und Abt (1984) verwenden.

In der Arbeit von Ackermann und Abt (1984) finden sich einige allgemeine Erläuterungen zum Zusammenhang der Variablen $\alpha$, $\pi$, n und m und auch zu der zum Teil recht respektablen Größe des Stichprobenumfanges n, die sich entsprechend auch auf die Tabellen 3 und 4 übertragen lassen. Hier soll nur festgestellt werden, daß Normbereiche mit inneren Grenzen für feste Werte von $\pi$ und m einen deutlich geringeren Stichprobenumfang n erfordern als dies für die Konstruktion von äußeren Grenzen der Fall ist. Diese Feststellung muß natürlich an der Aussage des Theorems 2.7 von Guttman (1970b) relativiert werden, was aber gerade Inhalt der Definition von "inneren" bzw. "äußeren" Grenzen ist.

Der Arbeit von Makosch, Ackermann und Hövels (1982b) kann ein einfaches Beispiel für die Anwendung der Formeln und Tabellen dieses Abschnittes entnommen werden. In dieser Arbeit werden unter anderem bivariate Normbereiche für das Gewicht und die Körpergröße von Neugeborenen verschiedener Nationalitäten bestimmt . Diese Normbereiche sollten innere Grenzen besitzen, wozu $\alpha = 0.05$ und $\pi = 0.95$ gewählt wurde. Für eine Gruppe deutscher Kinder wurde ein Stichprobenumfang n von $n \lesssim 1000$ ins Auge gefaßt. Formel (4.7) ergibt ein $m' = 62.14$, so daß unter Berücksichtigung der Bedingung (3.25) ein Wert von m=60 festgelegt wurde. Tabelle 3 ist für $m = 60$ nicht anwendbar, so daß mit Hilfe der Formel (4.4) von Scheffé und Tukey die Größe des Stichprobenumfanges endgültig mit $n = 963$ berechnet wurde.

| m | π = 0.99 | | | π = 0.95 | | | π = 0.90 | | | π = 0.80 | | |
|---|---|---|---|---|---|---|---|---|---|---|---|---|
| | 0.01 | 0.05 | 0.10 | 0.01 | 0.05 | 0.10 | 0.01 | 0.05 | 0.10 | 0.01 | 0.05 | 0.10 |
| 1 | | 5 | 10 | | | 2 | | | | | | |
| 2 | 15 | 35 | 53 | 3 | 7 | 10 | | 3 | 5 | | | |
| 3 | 44 | 82 | 110 | 9 | 16 | 22 | 5 | 8 | 11 | | 4 | 6 |
| 4 | 83 | 137 | 175 | 17 | 28 | 35 | 9 | 14 | 18 | 5 | 7 | 9 |
| 5 | 129 | 198 | 244 | 26 | 40 | 49 | 14 | 20 | 25 | 7 | 10 | 13 |
| 6 | 180 | 262 | 316 | 37 | 53 | 63 | 19 | 27 | 32 | 10 | 14 | 16 |
| 7 | 234 | 329 | 390 | 48 | 67 | 78 | 25 | 34 | 40 | 13 | 17 | 20 |
| 8 | 292 | 399 | 466 | 60 | 81 | 94 | 31 | 41 | 47 | 16 | 21 | 24 |
| 9 | 353 | 471 | 544 | 72 | 95 | 109 | 37 | 48 | 55 | 20 | 25 | 28 |
| 10 | 415 | 544 | 623 | 85 | 110 | 125 | 43 | 56 | 63 | 23 | 29 | 32 |
| 11 | 479 | 618 | 703 | 98 | 125 | 141 | 50 | 63 | 71 | 26 | 32 | 36 |
| 12 | 545 | 694 | 784 | 111 | 140 | 158 | 57 | 71 | 79 | 30 | 36 | 40 |
| 13 | 612 | 771 | 866 | 124 | 155 | 174 | 64 | 79 | 88 | 33 | 40 | 45 |
| 14 | 681 | 848 | 948 | 138 | 171 | 191 | 71 | 86 | 96 | 37 | 44 | 49 |
| 15 | 750 | 927 | 1031 | 152 | 187 | 207 | 78 | 94 | 104 | 40 | 48 | 53 |
| 16 | 821 | 1006 | 1115 | 167 | 203 | 224 | 85 | 102 | 113 | 44 | 52 | 57 |
| 17 | 893 | 1085 | 1199 | 181 | 219 | 241 | 92 | 110 | 121 | 48 | 56 | 62 |
| 18 | 965 | 1166 | 1284 | 196 | 235 | 258 | 99 | 119 | 130 | 52 | 61 | 66 |
| 19 | 1038 | 1246 | 1369 | 210 | 251 | 275 | 107 | 127 | 138 | 55 | 65 | 70 |
| 20 | 1112 | 1328 | 1454 | 225 | 268 | 292 | 114 | 135 | 147 | 59 | 69 | 75 |
| 21 | 1186 | 1410 | 1540 | 240 | 284 | 310 | 122 | 143 | 156 | 63 | 73 | 79 |
| 22 | 1261 | 1492 | 1626 | 255 | 300 | 327 | 130 | 152 | 164 | 67 | 77 | 83 |
| 23 | 1337 | 1575 | 1713 | 270 | 317 | 344 | 137 | 160 | 173 | 71 | 81 | 88 |
| 24 | 1413 | 1658 | 1799 | 286 | 334 | 362 | 145 | 168 | 182 | 75 | 86 | 92 |
| 25 | 1489 | 1741 | 1887 | 301 | 351 | 379 | 153 | 177 | 191 | 79 | 90 | 96 |
| 26 | 1566 | 1825 | 1974 | 317 | 367 | 397 | 161 | 185 | 199 | 83 | 94 | 101 |
| 27 | 1644 | 1909 | 2061 | 332 | 384 | 414 | 168 | 194 | 208 | 87 | 99 | 105 |
| 28 | 1722 | 1993 | 2149 | 348 | 401 | 432 | 176 | 202 | 217 | 91 | 103 | 110 |
| 29 | 1800 | 2078 | 2237 | 364 | 418 | 449 | 184 | 211 | 226 | 95 | 107 | 114 |
| 30 | 1879 | 2163 | 2325 | 380 | 435 | 467 | 192 | 219 | 235 | 99 | 111 | 119 |
| 31 | 1958 | 2248 | 2414 | 395 | 452 | 485 | 200 | 228 | 244 | 103 | 116 | 123 |
| 32 | 2037 | 2333 | 2502 | 411 | 469 | 503 | 208 | 236 | 253 | 107 | 120 | 128 |
| 33 | 2117 | 2419 | 2591 | 427 | 487 | 520 | 216 | 245 | 262 | 111 | 124 | 132 |
| 34 | 2197 | 2505 | 2680 | 444 | 504 | 538 | 224 | 254 | 270 | 115 | 129 | 137 |
| 35 | 2277 | 2591 | 2769 | 460 | 521 | 556 | 233 | 262 | 279 | 119 | 133 | 141 |
| 36 | 2358 | 2677 | 2858 | 476 | 538 | 574 | 241 | 271 | 288 | 123 | 138 | 146 |
| 37 | 2439 | 2763 | 2948 | 492 | 556 | 592 | 249 | 280 | 297 | 127 | 142 | 150 |
| 38 | 2520 | 2850 | 3037 | 508 | 573 | 610 | 257 | 289 | 306 | 132 | 146 | 155 |
| 39 | 2601 | 2937 | 3127 | 525 | 590 | 628 | 265 | 297 | 315 | 136 | 151 | 159 |
| 40 | 2683 | 3024 | 3217 | 541 | 608 | 646 | 274 | 306 | 324 | 140 | 155 | 164 |
| 41 | 2764 | 3111 | 3307 | 558 | 625 | 664 | 282 | 315 | 333 | 144 | 160 | 168 |
| 42 | 2846 | 3198 | 3397 | 574 | 643 | 682 | 290 | 324 | 343 | 148 | 164 | 173 |
| 43 | 2929 | 3285 | 3487 | 591 | 660 | 700 | 298 | 332 | 352 | 152 | 168 | 178 |
| 44 | 3011 | 3373 | 3577 | 607 | 678 | 718 | 307 | 341 | 361 | 157 | 173 | 182 |
| 45 | 3094 | 3461 | 3668 | 624 | 696 | 736 | 315 | 350 | 370 | 161 | 177 | 187 |
| 46 | 3177 | 3548 | 3758 | 640 | 713 | 754 | 323 | 359 | 379 | 165 | 182 | 191 |
| 47 | 3260 | 3636 | 3849 | 657 | 731 | 772 | 332 | 368 | 388 | 169 | 186 | 196 |
| 48 | 3343 | 3724 | 3940 | 674 | 748 | 791 | 340 | 377 | 397 | 174 | 191 | 200 |
| 49 | 3426 | 3813 | 4030 | 690 | 766 | 809 | 349 | 385 | 406 | 178 | 195 | 205 |
| 50 | 3510 | 3901 | 4121 | 707 | 784 | 827 | 357 | 394 | 415 | 182 | 200 | 210 |

Tabelle 3: Stichprobenumfang n fuer innere Grenzen ($\alpha < 0.50$)

| m | π = 0.99 | | | π = 0.95 | | | π = 0.90 | | | π = 0.80 | | |
|---|---|---|---|---|---|---|---|---|---|---|---|---|
| | 0.90 | 0.95 | 0.99 | 0.90 | 0.95 | 0.99 | 0.90 | 0.95 | 0.99 | 0.90 | 0.95 | 0.99 |
| 1 | 230 | 299 | 459 | 45 | 59 | 90 | 22 | 29 | 44 | 11 | 14 | 21 |
| 2 | 388 | 473 | 662 | 77 | 93 | 130 | 38 | 46 | 64 | 18 | 22 | 31 |
| 3 | 531 | 628 | 838 | 105 | 124 | 165 | 52 | 61 | 81 | 25 | 30 | 39 |
| 4 | 667 | 773 | 1001 | 132 | 153 | 198 | 65 | 76 | 97 | 32 | 37 | 47 |
| 5 | 798 | 913 | 1157 | 158 | 181 | 229 | 78 | 89 | 113 | 38 | 44 | 55 |
| 6 | 926 | 1049 | 1307 | 184 | 208 | 259 | 91 | 103 | 127 | 45 | 50 | 62 |
| 7 | 1051 | 1182 | 1453 | 209 | 234 | 288 | 104 | 116 | 142 | 51 | 57 | 69 |
| 8 | 1175 | 1312 | 1596 | 234 | 260 | 316 | 116 | 129 | 156 | 57 | 63 | 76 |
| 9 | 1297 | 1441 | 1736 | 258 | 286 | 344 | 128 | 142 | 170 | 63 | 69 | 83 |
| 10 | 1418 | 1568 | 1874 | 282 | 311 | 371 | 140 | 154 | 183 | 69 | 76 | 89 |
| 11 | 1538 | 1693 | 2010 | 306 | 336 | 398 | 152 | 167 | 197 | 75 | 82 | 96 |
| 12 | 1658 | 1818 | 2144 | 330 | 361 | 425 | 164 | 179 | 210 | 81 | 88 | 102 |
| 13 | 1776 | 1941 | 2277 | 353 | 386 | 451 | 175 | 191 | 223 | 86 | 94 | 109 |
| 14 | 1893 | 2064 | 2409 | 377 | 410 | 478 | 187 | 203 | 236 | 92 | 100 | 115 |
| 15 | 2010 | 2185 | 2539 | 400 | 434 | 504 | 199 | 215 | 249 | 98 | 106 | 122 |
| 16 | 2127 | 2306 | 2669 | 423 | 458 | 529 | 210 | 227 | 262 | 104 | 112 | 128 |
| 17 | 2242 | 2426 | 2798 | 446 | 482 | 555 | 222 | 239 | 275 | 109 | 118 | 134 |
| 18 | 2358 | 2546 | 2925 | 469 | 506 | 580 | 233 | 251 | 287 | 115 | 124 | 141 |
| 19 | 2473 | 2665 | 3052 | 492 | 530 | 606 | 245 | 263 | 300 | 121 | 129 | 147 |
| 20 | 2587 | 2784 | 3179 | 515 | 554 | 631 | 256 | 275 | 312 | 126 | 135 | 153 |
| 21 | 2701 | 2902 | 3304 | 538 | 577 | 656 | 267 | 286 | 325 | 132 | 141 | 159 |
| 22 | 2815 | 3020 | 3429 | 561 | 601 | 681 | 279 | 298 | 337 | 138 | 147 | 165 |
| 23 | 2929 | 3137 | 3554 | 583 | 624 | 706 | 290 | 310 | 350 | 143 | 153 | 171 |
| 24 | 3042 | 3254 | 3678 | 606 | 647 | 730 | 301 | 321 | 362 | 149 | 158 | 177 |
| 25 | 3155 | 3371 | 3801 | 628 | 671 | 755 | 312 | 333 | 374 | 154 | 164 | 184 |
| 26 | 3268 | 3487 | 3924 | 651 | 694 | 779 | 324 | 345 | 386 | 160 | 170 | 190 |
| 27 | 3380 | 3603 | 4047 | 673 | 717 | 804 | 335 | 356 | 398 | 166 | 176 | 196 |
| 28 | 3492 | 3719 | 4169 | 696 | 740 | 828 | 346 | 368 | 411 | 171 | 181 | 202 |
| 29 | 3604 | 3834 | 4290 | 718 | 763 | 852 | 357 | 379 | 423 | 177 | 187 | 208 |
| 30 | 3716 | 3949 | 4412 | 740 | 786 | 877 | 368 | 391 | 435 | 182 | 193 | 213 |
| 31 | 3828 | 4064 | 4533 | 763 | 809 | 901 | 379 | 402 | 447 | 188 | 198 | 219 |
| 32 | 3939 | 4179 | 4654 | 785 | 832 | 925 | 390 | 413 | 459 | 193 | 204 | 225 |
| 33 | 4050 | 4293 | 4774 | 807 | 855 | 949 | 402 | 425 | 471 | 199 | 210 | 231 |
| 34 | 4162 | 4407 | 4894 | 829 | 877 | 973 | 413 | 436 | 482 | 204 | 215 | 237 |
| 35 | 4272 | 4521 | 5014 | 851 | 900 | 997 | 424 | 447 | 494 | 210 | 221 | 243 |
| 36 | 4383 | 4635 | 5133 | 873 | 923 | 1020 | 435 | 459 | 506 | 215 | 227 | 249 |
| 37 | 4494 | 4749 | 5252 | 896 | 945 | 1044 | 446 | 470 | 518 | 221 | 232 | 255 |
| 38 | 4604 | 4862 | 5371 | 918 | 968 | 1068 | 457 | 481 | 530 | 226 | 238 | 261 |
| 39 | 4715 | 4975 | 5490 | 940 | 991 | 1091 | 468 | 493 | 542 | 232 | 243 | 266 |
| 40 | 4825 | 5088 | 5608 | 962 | 1013 | 1115 | 479 | 504 | 553 | 237 | 249 | 272 |
| 41 | 4935 | 5201 | 5727 | 984 | 1036 | 1139 | 490 | 515 | 565 | 243 | 255 | 278 |
| 42 | 5045 | 5314 | 5845 | 1006 | 1058 | 1162 | 501 | 526 | 577 | 248 | 260 | 284 |
| 43 | 5155 | 5427 | 5962 | 1027 | 1081 | 1186 | 511 | 537 | 589 | 253 | 266 | 290 |
| 44 | 5264 | 5539 | 6080 | 1049 | 1103 | 1209 | 522 | 549 | 600 | 259 | 271 | 296 |
| 45 | 5374 | 5651 | 6197 | 1071 | 1126 | 1233 | 533 | 560 | 612 | 264 | 277 | 301 |
| 46 | 5483 | 5764 | 6314 | 1093 | 1148 | 1256 | 544 | 571 | 623 | 270 | 282 | 307 |
| 47 | 5593 | 5876 | 6431 | 1115 | 1170 | 1279 | 555 | 582 | 635 | 275 | 288 | 313 |
| 48 | 5702 | 5988 | 6548 | 1137 | 1193 | 1303 | 566 | 593 | 647 | 281 | 293 | 319 |
| 49 | 5811 | 6099 | 6665 | 1159 | 1215 | 1326 | 577 | 604 | 658 | 286 | 299 | 324 |
| 50 | 5920 | 6211 | 6781 | 1180 | 1237 | 1349 | 588 | 615 | 670 | 291 | 304 | 330 |

Tabelle 4: Stichprobenumfang n fuer aeussere Grenzen ($\alpha > 0.50$)

Zum Abschluß dieses Kapitels wird noch die Stichprobenumfangsplanung für nicht-parametrische Normbereiche mit $\pi$-Erwartung (zur Definition vgl. Abschnitt 2.1) dargestellt, die sich naturgemäß als recht einfach herausstellt. Aus dem Beweis zu Theorem 2.7 kann man die Beziehung (4.10) entnehmen:

$$E[\,U(S)\,] = \pi = 1 - \frac{m}{n+1} \quad . \tag{4.10}$$

Der Stichprobenumfang n läßt sich also, analog zu der "klassischen" Percentilenmethode, leicht errechnen:

$$n = \frac{m}{1-\pi} - 1 \quad . \tag{4.11}$$

Aus Gründen der Vollständigkeit und zur leichteren praktischen Handhabung wird trotz dieses einfachen linearen Zusammenhanges Tabelle 5 aufgeführt.

| m | π = 0.99 | π = 0.95 | π = 0.90 | π = 0.80 |
|---|---|---|---|---|
| 1 | 99 | 19 | 9 | 4 |
| 2 | 199 | 39 | 19 | 9 |
| 3 | 299 | 59 | 29 | 14 |
| 4 | 399 | 79 | 39 | 19 |
| 5 | 499 | 99 | 49 | 24 |
| 6 | 599 | 119 | 59 | 29 |
| 7 | 699 | 139 | 69 | 34 |
| 8 | 799 | 159 | 79 | 39 |
| 9 | 899 | 179 | 89 | 44 |
| 10 | 999 | 199 | 99 | 49 |
| 11 | 1099 | 219 | 109 | 54 |
| 12 | 1199 | 239 | 119 | 59 |
| 13 | 1299 | 259 | 129 | 64 |
| 14 | 1399 | 279 | 139 | 69 |
| 15 | 1499 | 299 | 149 | 74 |
| 16 | 1599 | 319 | 159 | 79 |
| 17 | 1699 | 339 | 169 | 84 |
| 18 | 1799 | 359 | 179 | 89 |
| 19 | 1899 | 379 | 189 | 94 |
| 20 | 1999 | 399 | 199 | 99 |
| 21 | 2099 | 419 | 209 | 104 |
| 22 | 2199 | 439 | 219 | 109 |
| 23 | 2299 | 459 | 229 | 114 |
| 24 | 2399 | 479 | 239 | 119 |
| 25 | 2499 | 499 | 249 | 124 |
| 26 | 2599 | 519 | 259 | 129 |
| 27 | 2699 | 539 | 269 | 134 |
| 28 | 2799 | 559 | 279 | 139 |
| 29 | 2899 | 579 | 289 | 144 |
| 30 | 2999 | 599 | 299 | 149 |
| 31 | 3099 | 619 | 309 | 154 |
| 32 | 3199 | 639 | 319 | 159 |
| 33 | 3299 | 659 | 329 | 164 |
| 34 | 3399 | 679 | 339 | 169 |
| 35 | 3499 | 699 | 349 | 174 |
| 36 | 3599 | 719 | 359 | 179 |
| 37 | 3699 | 739 | 369 | 184 |
| 38 | 3799 | 759 | 379 | 189 |
| 39 | 3899 | 779 | 389 | 194 |
| 40 | 3999 | 799 | 399 | 199 |
| 41 | 4099 | 819 | 409 | 204 |
| 42 | 4199 | 839 | 419 | 209 |
| 43 | 4299 | 859 | 429 | 214 |
| 44 | 4399 | 879 | 439 | 219 |
| 45 | 4499 | 899 | 449 | 224 |
| 46 | 4599 | 919 | 459 | 229 |
| 47 | 4699 | 939 | 469 | 234 |
| 48 | 4799 | 959 | 479 | 239 |
| 49 | 4899 | 979 | 489 | 244 |
| 50 | 4999 | 999 | 499 | 249 |

Tabelle 5: Stichprobenumfang n fuer Normbereiche mit π -Erwartung

## 5. Multiple Anwendung von Normbereichen

In der praktischen Anwendung der Theorie der Normbereiche wird in sehr vielen Fällen nicht nur ein Wert, sondern eine ganze Anzahl von Werten, zum Beispiel eine Reihe von Laborwerten eines Patienten, anhand von mehreren uni- oder auch multivariaten Normbereichen beurteilt. Bei einer unkritischen formalen Vorgehensweise, die sich nur auf die jeweils individuelle Wahrscheinlichkeitsaussage für jeden einzelnen der zu einer Diagnose relevanten Normbereiche stützt und sowohl den klinischen wie den statistischen Zusammenhang der betrachteten Variablen ignoriert, muß man in Kauf nehmen, daß für einen Patienten, der in Bezug auf die in Frage stehenden Variablen "gesund" ist, das Risiko, fälschlicherweise als "krank" bezeichnet zu werden, in unkontrollierter Weise ansteigt. Dazu sei auch nochmals auf die entsprechenden Bemerkungen in der Einleitung hingewiesen und zur Veranschaulichung dieser Probleme an Tabelle 1 und deren Kontext erinnert. Diese Sachverhalte werden in Abschnitt 5.1 unter allgemeineren Gesichtspunkten diskutiert und im nachfolgenden Abschnitt in ihrem Zusammenhang mit mathematisch-statistischen Methoden dargestellt. Ein kurzes Beispiel für eine Anwendung dieser Methoden findet sich im gleichen Abschnitt.

Das Problem der multiplen Anwendung von Normbereichen ist sehr eng mit dem multiplen Testproblem aus der induktiven Statistik verwandt, das sich immer dann stellt, wenn mehr als ein statistischer Test im Rahmen einer Untersuchung angewendet werden soll. (Die Gleichwertigkeit der Fragestellungen ist aus den Arbeiten von Rüger (1978,1981), der einen allgemeinen wahrscheinlichkeitstheoretischen Ansatz beschreibt, offensichtlich.) Sonnemann (1981,1982) gibt einen interessanten Überblick über den aktuellen Stand der Entwicklung, das Buch von Miller (1981) informiert über die "klassischen" Testprozeduren. Mit Hilfe einer definitionstechnischen Brücke und des Theorems 2.7 bzw. des Lemmas 2.3 von Paulson läßt sich die Theorie der multiplen Tests ohne Schwierigkeiten auf das Problem der multiplen Anwendung von Normbereichen übertragen.

## 5.1 Fehlentscheidungen bei der Beurteilung mehrerer Variablen

In der einleitenden Darstellung von Abschnitt 1.4 wurde versucht, die formale Situation bei einer simultanen Verwendung von mehreren Normbereichen zu skizzieren; die medizinische Realität entspricht dieser vereinfachten Beschreibung im allgemeinen nur entfernt. In der medizinischen Praxis wird eine Diagnose nicht in nur einem Schritt gestellt, wie dies bei der Verwendung von nur genau einem uni- oder multivariaten Normbereich implizit unterstellt wird, im Gegenteil erfordert die Diagnosefindung eine vielschichtige, sukzessive Abfolge von Entscheidungen, von denen jeweils die weitere "Richtung" der ärztlichen Überlegung abhängt. Das bekannte Beispiel eines "Diagnose - Baumes" macht dies leicht anschaulich. Einer Formalisierung des Diagnoseprozesses wurde, besonders auch von Seiten der Medizinischen Informatik, eine große Aufmerksamkeit gewidmet; die 827 Titel umfassende Bibliographie von Wagner, Tautu und Wolber (1978) verschafft davon einen äußeren Eindruck. Eine Beschäftigung mit dem Problem der medizinischen Diagnose macht deutlich, daß ein univariater, multivariater oder auch multipler Normbereich im Beispiel des Diagnose - Baumes nur als "Knoten" einer Verzweigung in diesem Baum, also nur als Teil in einem komplexen System, verstanden werden kann. Demzufolge sollte auch der Inhalt dieses Kapitels nur als mathematisch-statistischer Präzisierungsversuch eines Knotens aufgefaßt werden, was, auch vor dem Hintergrund der entsprechenden Bemerkungen aus der Einleitung, bei der Lektüre dieses Kapitels stets im Auge behalten werden muß. Grams, Johnson und Benson (1972) beschreiben in einer Folge von sechs Arbeiten ein umfassendes Labordaten - Analysesystem, das als Kern multivariate (parametrische) Normbereiche zur Diagnosestellung heranzieht, die dem Bild eines "Knotens" anschaulich gerecht werden; vgl. dazu Abschnitt 6.5.

Ein Schritt zu einer Objektivierung der intuitiven Abwägung von mehreren Meßwerten wird von Elveback (1973) beschrieben. Elveback empfindet die übliche Angabe von Normwerten als unzureichend und schlägt vor, einem Arzt zu jedem Laborwert eines Patienten auch die Percentile dieses Wertes mit anzugeben. Ein Percentilenwert von $p \cdot 100\%$ bedeutet, daß, bezogen auf eine bestimmte Population,

(1-p)·100% der Probanden noch extremere Werte lieferten als der aktuell betrachtete Patient bzw. Proband. Mit diesem Vorschlag bietet es sich an, die Werte von Variablen mit heterogenen Dimensionen vergleichbar zu machen, wobei aber die schon angesprochene Diagnose-abhängige Gewichtung der Variablen nicht außer acht gelassen werden sollte. Wenn diese medizinisch zu beurteilende Bedingung als erfüllt betrachtet werden darf, so kann darüber hinaus aus den Percentilen-Werten auch eine "simultane Percentile" p bestimmt werden, die ein Maß dafür darstellt, daß ein Patient extremere als die vorliegenden Werte zeigt ("Überschreitungswahrscheinlichkeit"). Ein erster, elementarer Ansatz zur Bestimmung einer simultanen Percentile ergibt sich über die Binomial - Verteilung bzw. aus der in Abschnitt 1.4 verwendeten Formel für Wahrscheinlichkeiten unabhängiger Ereignisse. Werden n unabhängige Normbereiche beurteilt, und es ergeben sich dabei die $p_i \cdot 100\%$ - Percentilen $(i=1,2,\ldots,n)$, so läßt sich mit der Ungleichung (5.1) eine obere Schranke für die "simultane Überschreitungswahrscheinlichkeit" $\alpha$ angeben,

$$(5.1) \qquad \alpha = 1 - p \leq 1 - \prod_{i=1}^{n} p_i \qquad .$$

Diese Formel kann auch mit Hilfe des Theorems 2.7 aus Kapitel 2 zu einer "Anpassung" der Überdeckungen $\pi_i$ verwendet werden, um das (simultane) Gesamtrisiko einer falsch positiven Entscheidung abzuschätzen bzw. um einen vorgegebenen Wert des simultanen Risikos $\alpha$ einzuhalten. Weitere, bezüglich einer Kontrolle des Anteils der falsch positiven und der falsch negativen Entscheidungen günstigere Verfahren können direkt aus der statistischen Testtheorie entnommen werden, wie im nächsten Abschnitt anhand eines Beispiels umrissen wird.

Die angesprochenen Verfahren zur Behandlung der multiplen Anwendung von Normbereichen, sehr deutlich Formel (5.1), die mit der bekannten Bonferroni - Ungleichung (vgl. Feller (1968)) korrespondiert, ermöglichen nur eine Kontrolle des Risikos von falsch positiven Entscheidungen, oder, in der Ausdrucksweise der statistischen Testtheorie, des Risikos des "Fehlers 1. Art", währenddem die Problematik der fälschlichen Nicht-Ablehnung, die in dem vorliegenden Zusammenhang zu einem vergrößerten Anteil der als "gesund" Beurteilten führt, völlig vernachlässigt wird. Eine unter teststatistischen Gesichtspunkten kritische Würdigung dieses Sachverhaltes findet sich zum Beispiel bei Witte (1980) und regt eine Differenzierung der Fragestellung an.

Es ist offensichtlich, daß eine Anwendung von zum Beispiel Formel (5.1) wegen der unterstellten Unabhängigkeit der n Normbereiche sehr rasch zu einer starken Vergrößerung des Anteils der falsch negativen Diagnosen führt ("Fehler 2. Art"), damit also eine Überkompensierung des in Abschnitt 1.4 demonstrierten Effektes eintritt, der sich bei unkritischen multiplen Anwendungen von Normbereichen in einem Anstieg des Anteils der falsch positiven Diagnosen äußert ("Fehler 1. Art"). Eine formale statistische Lösung für dieses Dilemma ist nicht bekannt, es kann aber als pragmatischer Kompromiß durch eine inhaltliche Überlegung beschränkte Abhilfe geschaffen werden.

Gross und Wichmann (1979) stellen fest, daß sich falsch negative Entscheidungen besonders bei Suchmethoden nachteilig auswirken können; will man prüfen, ob bei einem Patienten eine bestimmte Erkrankung vorliegt, so sollte die Wahrscheinlichkeit für falsch negative Entscheidungen klein sein, um möglichst keine Erkrankung zu übersehen. Eine damit verbundene Vergrößerung des Risikos für "falsch positiv" ist sicher eher nützlich als schädlich, denn diese hätte zur Folge, daß der Patient möglicherweise eingehender nachuntersucht werden würde, wenn er auch in Wahrheit "gesund" sein könnte. Bei Such- oder Screening - Methoden sollte also eher auf eine Anwendung von Formel (5.1) oder der Verfahren aus dem nächsten Abschnitt verzichtet werden. (Diese Situation findet in der Teststatistik ein Analogon. Interessiert man sich beispielsweise in der Medikamentenprüfung für Nebenwirkungen von Therapeutika, so müßte man nur gemäß Formel (5.1) hinreichend viele medizinische Parameter untersuchen, um wegen der Konservativität der sogenannten "Bonferroni-Korrektur" nach Formel (5.1) oder zum Beispiel der Methoden aus Abschnitt 5.2 "sicher" zu gehen, keine unerwünschten Nebenwirkungen eines Präparates aufzeigen zu können. Selbstredend verbietet sich auch hier eine Kontrolle des "Fehlers 1. Art" zu Gunsten der des "Fehlers 2. Art" der falsch negativen Entscheidungen, um, im Falle der Nebenwirkungen von Medikamenten, eher eine eingehendere Überprüfung von "statistischen Nebenwirkungen" in Kauf zu nehmen als potentielle Patienten die Folgen tragen zu lassen.)

Eine gänzlich andere Situation findet man bei differential-diagnostischen Überlegungen vor. Wie Gross und Wichmann (1979) beschreiben, sollte in diesem Falle der Anteil der falsch positiven Entscheidungen klein sein, um den Diagnoseprozeß nicht zu oft in eine eventuell falsche Richtung zu leiten. Bei Erstellen einer Differentialdiagnose können also die in diesem Kapitel beschriebenen Methoden von Vorteil sein, vorausgesetzt, daß die diagnostisch verwendeten Variablen bzw. Normbereiche möglichst unkorreliert sind. (Diese Gedanken sind ebenfalls aus der statistischen Testtheorie vertraut, denn dort möchte man sich gegen "zufällige Signifikanzen" schützen, die insbesondere bei den in Frage stehenden multiplen Tests auftreten können, womit wieder auf die zitierten Verfahren zur "$\alpha$ - Korrektur" verwiesen werden kann.)

Gross und Wichmann (1979) wenden diese Überlegungen bei der Wahl der Grenzen von Normbereichen an, wie auch im nächsten Kapitel wieder aufgegriffen wird. Grundsätzlich steht bei beiden Fragestellungen die Abwägung der medizinischen Problematik im Vordergrund. Entsprechend sollte sich auch, besonders bei einer multiplen Anwendung von Normbereichen, die Interpretation von Ergebnissen primär an dem medizinischen Kontext orientieren und erst nachgeordnet in die statistischen Sachverhalte eingebettet werden.

## 5.2 Analogien zur mehrfachen Nullhypothesenprüfung

In der prüfenden Statistik formuliert man bekanntermaßen Nullhypothesen, die Aussagen über Eigenschaften von definierten, vielleicht fiktiven Populationen beinhalten. In Anschluß an die Formulierung einer Nullhypothese $H_0$ wird auf der Basis einer repräsentativen Stichprobe und mit Hilfe eines angemessenen statistischen Tests versucht, Evidenz für oder gegen die Aussage der Nullhypothese zu finden, wobei die Prüfung der Nullhypothese mit dem Risiko $\alpha$ der fälschlichen Ablehnung erfolgt. (Das komplementäre Risiko $\beta$ der fälschlichen Nicht - Ablehnung wird in diesem Abschnitt nicht behandelt, wie im vorhergehenden Abschnitt bereits angedeutet wurde.)Eine analoge Betrachtung ist bei einer "Normalitätsprüfung" eines Patienten bzw. Probanden möglich, denn ist F die Verteilungsfunktion der "Normalen" und x eine weitere, zukünftige Beobachtung, so läßt sich die Hypothese formulieren, daß X ebenfalls der Verteilungsfunktion F folgt, und als Alternative, daß der Zufallsvariablen X eine Verteilungsfunktion G zu unterstellen ist, die nicht mit der der "Normalen" identisch ist. In der Schreibweise von Guttman (1970b) kann man dies kurz und formal mit (5.2),

$$(5.2) \quad H_0(F,F) : H_1(F,G)$$

darstellen. Zur Entscheidung zwischen der Nullhypothese $H_0$ und der Alternative $H_1$ muß nun eine Testfunktion $\psi$ gefunden werden, die auf der Basis des Normbereiches S und zu einem Testniveau $\alpha$ eine Entscheidung für $H_0$ oder für $H_1$ trifft. Der Wert von $\alpha$ ergibt sich im Falle nicht - parametrischer Normbereichsgrenzen mit Theorem 2.7 aus Formel (5.3) und kann unabhängig von der Art der Grenzen (innere oder äußere Grenzen, Normbereiche mit $\pi$ - Erwartung!) berechnet werden; $\alpha$ stellt das Risiko dar, die Hypothese $H_0$ aus (5.2) fälschlich zu verwerfen bzw. einen "Gesunden" mit Werten außerhalb von S vorzufinden,

$$(5.3) \quad \alpha := 1 - P(X \in S) \quad .$$

(Umgekehrt kann man in der Phase der Planung einer Normbereichserhebung natürlich auch die Art der Grenzen und den Stichprobenumfang n an einem relevanten Wert von $\alpha$ orientieren, was aber in der Praxis sicher zu einer Bevorzugung von Normbereichen mit $\pi$-Erwartung führen und dem Konzept der inneren und äußeren Grenzen zuwider laufen würde. Weiterhin muß bemerkt werden, daß in den Definitionen (2.4) und (2.5) und in den darauf aufbauenden Ausführungen das Symbol " $\alpha$ " in einem gänzlich anderen Sinne verwendet wurde. In Hinblick auf die übliche Bezeichnungsweise der Testtheorie kann diese terminologische Unzulänglichkeit sicher toleriert werden, zumal diese zu keinen inhaltlichen Mißverständnissen führen kann.)

Die Prüfung der Nullhypothese aus (5.2) läßt sich jetzt, der Schreibweise von zum Beispiel Sonnemann (1982) folgend, formal als eine Abbildung $\psi$ definieren,

(5.4) $$\psi : \mathbb{R}^N \rightarrow \{0, 1\} \quad .$$

Der Wert " 0 " des Bildraumes korrespondiert mit der Nullhypothese aus (5.2), der Wert " 1 " mit der Alternativ - Hypothese. Der Normbereich S ist eine Teilmenge des Urbildraumes, womit in Übereinstimmung mit der Definition der Entscheidungsfunktion aus (3.26)

(5.5) $$\psi(x) = \begin{cases} 0 & \text{falls } x \in S \\ 1 & \text{falls } x \notin S \end{cases} \quad .$$

In Analogie zum Vorgehen in der statistischen Testtheorie wird die Nullhypothese $H_0$ abgelehnt, wenn $\psi(x) = 1$ ist. Dies ist äquivalent damit, daß nicht akzeptiert wird, daß die Realisation x der gleichen Grundgesamtheit entstammt wie die dem Normbereich zugrunde liegenden Beobachtungen. Im Beispiel der Beurteilung der Laborwerte eines Patienten würde ein Wert außerhalb des entsprechenden Normbereiches (das heißt, außerhalb des Bereiches, der aufgrund von Daten von "Gesunden" zustande gekommen ist) liegen und deshalb als "pathologisch" bezeichnet werden.

Liegt nun nicht nur ein Normbereich S (bzw. nur ein Testproblem) vor, sondern mehrere Normbereiche $S^{(i)}$, $i=1,2,\ldots,n$, so definiert man analog einen multiplen Test $\psi = (\psi^{(1)},\psi^{(2)},\ldots,\psi^{(n)})$ mit

$$(5.6) \quad \psi = (\psi^{(1)},\psi^{(2)},\ldots,\psi^{(n)}) : \bigtimes_{i=1}^{n} \mathbb{R}^{N_i} \to \{0,1\}^n \quad .$$

Die Fragestellung besteht also darin, zu n Normbereichen $S^{(i)}$, die durchaus unterschiedliche Dimensionen besitzen können, einen Test $\psi$ zur Prüfung der multiplen Nullhypothese zu konstruieren. Der multiple Test $\psi$ besitzt das multiple Niveau $\alpha$, wenn für alle Indexmengen J von wahren Nullhypothesen $H_o^{(i)}$ die Formel (5.7) erfüllt ist (zur Vereinfachung wurde nicht die übliche mengentheoretische, sondern eine aussagenlogische Schreibweise gewählt):

$$(5.7) \quad \left[\forall J \in 2^{\{1,2,\ldots,n\}} : H_o^J = \bigwedge_{i\in J} H_o^{(i)}\right] \Rightarrow P\left[\bigvee_{i\in J} (\psi^{(i)}(X_i)=1)\right] \leq \alpha .$$

Beschränkt man sich auf die Indexmenge $J = \{1,2,\ldots,n\}$, so erhält man einen Test zum globalen Niveau $\alpha$:

$$(5.8) \quad H_o := \bigwedge_{i=1}^{n} H_o^{(i)} \quad : \quad H_1 := \bigvee_{i=1}^{n} H_1^{(i)} \quad .$$

(Im Fall der Normbereichsprüfung bedeutet Formel (5.7), daß für einen Patienten oder Probanden die Wahrscheinlichkeit, bezüglich einer Anzahl von klinischen Variablen bzw. Normbereichen $S^{(i)}$ irrtümlich als "krank" bezeichnet zu werden, höchstens $\alpha$ beträgt, unabhängig davon, um welche und um wieviele der n simultan betrachteten Normbereiche es sich handelt.)

In der Theorie der multiplen Tests spielen die Begriffe "Kohärenz" und "Konsonanz" eine wichtige Rolle. Überträgt man diese beiden Begriffe auf das Problem der Normbereichsprüfungen, so liegt Kohärenz vor, wenn ein Patient "insgesamt" als "krank" bezeichnet werden muß, wenn sich seine Werte auch nur bezüglich eines Bereiches $S^{(i)}$ als pathologisch erweisen. Umgekehrt läßt sich der Begriff "Konsonanz" interpretieren: Wird ein Patient als "krank" bezeichnet, so muß sich dazu auch eine präzisere Ursache angeben lassen. Weiter unten werden Verfahren zur multiplen Prüfung beschrieben, die kohärent, aber nicht notwendigerweise konsonant sind. Die Bedingung der Konsonanz erscheint im Kontext der Normbereichsuntersuchungen auch eher hinderlich als nützlich zu sein, denn ein Patient kann sich durchaus erst durch das Zusammenspiel von mehreren Faktoren als "krank" herausstellen, wie auch bereits in Abschnitt 1.3 mit Abbildung 2 demonstriert wurde. Auf eine formale Definition von Kohärenz und Konsonanz kann hier verzichtet und zum Beispiel auf Sonnemann (1981, 1982) verwiesen werden.

Die Theorie der multiplen Tests erfuhr mit der Einführung der simultanen und sequentiell verwerfenden Tests durch Gabriel (1969), Marcus, Peritz und Gabriel (1976) und Holm (1979) beachtliche Fortschritte. Hommel (1979,1980,1983) beschreibt auf der Basis der Arbeit von Rüger (1978) spezielle multiple Testprozeduren. Neben den erwähnten Bonferroni - Ungleichungen scheinen die Hommel'schen Arbeiten eine geeignete Diskussionsgrundlage für das Problem der multiplen Anwendung von Normbereichen darzustellen. Mit den Ergebnissen von Hommel kann man die Tatsache ausnützen, daß man nicht immer für jeden einzelnen der betrachteten Tests eine Entscheidung treffen will (oder kann), wie dies bei der unter Umständen sehr konservativen Bonferroni - Methode der Fall ist, sondern sich in vielen Fällen auf das Prüfen von zusammengesetzten Hypothesen beschränken kann. Eine detailliertere Darstellung, besonders die der weniger konservativen sequentiell verwerfenden Testmethoden, würde weit über den Rahmen dieser Monographie hinausgehen, so daß hierauf, ebenso auf eine Ausführung der Beweise zu den beschriebenen Methoden, verzichtet werden muß. Zur Rechtfertigung der Auswahl des nachfolgend beschriebenen Prüfverfahrens sei noch erwähnt, daß diese Methode neben ihrer recht allgemeinen und ergiebigen Anwendbarkeit einen nur geringen Berechnungsaufwand erfordert und eine relativ einfache Interpretation erlaubt.

Eine erste Variante der multiplen Prüfung von Normbereichen geht von einer Vorgabe von individuellen Werten der "Irrtumswahrscheinlichkeiten" $\alpha_i$ nach Formel (5.3) aus und berechnet Prüfgrößen $\gamma = \gamma_J$ zu einem multiplen Niveau $\alpha$. Die zweite Variante bestimmt ohne Vorgabe von Werten $\alpha_i$ multiple Überschreitungswahrscheinlichkeiten $p = \gamma_J$ bzw. $p = \gamma$ aus n einzelnen Überschreitungswahrscheinlichkeiten $p_i$. Dieses zweite Verfahren kann natürlich auch dann angewendet werden, wenn, wie dies bei multivariaten Normbereichen $S^{(i)}$ sehr häufig der Fall ist, für einzelne $H_o^{(i)}$ nur Werte von $\alpha_i$, nicht aber Werte von $p_i$ angegeben werden können. Setzt man für $\phi^{(i)} = 1$ die Überschreitungswahrscheinlichkeit $p_i = \alpha_i$, so neigt das zweite Verfahren zu konservativeren Entscheidungen, ist aber formal gleichermaßen durchführbar.

Es seien nun n Werte $\alpha_i$ für n zugeordnete Normbereiche $S^{(i)}$ nach Theorem 2.7 bzw. nach Formel (5.3) vorgegeben. Die $x_i$, i=1,2,...,n, seien $N_i$ - dimensionale Beobachtungen,

$$(5.9) \quad (x_1,x_2,\dots,x_n) \in \mathop{\times}_{i=1}^{n} \Omega^{(i)} = \mathop{\times}_{i=1}^{n} \mathbb{R}^{N_i} \quad ,$$

mit denen eine multiple Prüfung zum Niveau $\alpha$ durchgeführt werden soll. Bezeichnet man wieder

$$(5.10) \quad J \in \mathfrak{J} := 2^{\{1,2,\dots,n\}} - \{\emptyset\} \quad ,$$

wobei $\mathfrak{J}$ die Potenzmenge von $\{1,2,\dots,n\}$ ist, und bestimmt für alle Teilmengen $J \in \mathfrak{J}$ die Anzahl $k_J$ der Individual-Ablehnungen von Nullhypothesen $H_o^{(i)}$,

$$(5.11) \quad k_J := \| \{ i \in J \mid \psi^{(i)}(x_i) = 1 \} \| = \sum_{i \in J} \psi^{(i)}(x_i) \quad ,$$

so kann auf der Basis der Arbeit von Rüger (1978) eine Prüfgröße $\gamma_J$ angegeben werden,

$$(5.12) \quad \gamma_J := \min\left\{ 1 \; ; \; \frac{1}{k_J - r} \cdot \sum_{q=1}^{n-r} \alpha_{(q)} \mid r = 0,1,\ldots,k_J - 1 \right\} \quad .$$

Hommel zeigt in seinen Arbeiten, daß der Test

$$(5.13) \quad \psi^{(J)}(x) = \begin{cases} 0 & \text{falls } \gamma_J > \alpha \\ 1 & \text{falls } \gamma_J \leq \alpha \end{cases}$$

das multiple Testniveau $\alpha$ einhält. Für $J = \{1,2,\ldots,n\}$ ergibt sich ein Globaltest zum Niveau $\alpha$, der zur Prüfung der Frage dienen kann, ob ein Patient überhaupt als "krank" bezeichnet werden muß, ohne daß dies näher spezifiziert wird.

Eine multiple Prüfung anhand von Überschreitungswahrscheinlichkeiten $p_i$ kann in analoger Weise definiert werden. Sind die Mengen J und $\mathfrak{J}$ wie oben definiert, so kann wieder für alle J eine Prüfgröße $\gamma_J$ bestimmt werden,

$$(5.14) \quad \gamma_J = \min\left\{ 1 \; ; \; \frac{n \cdot p_{(j_J)}}{j_J} \cdot \sum_{i=1}^{n} \frac{1}{i} \mid j_J = 1,2,\ldots,\|J\| \right\} \quad .$$

Die formale Definition von $\psi$ erfolgt gemäß Formel (5.13). Für $J = \{1,2,\ldots,n\}$ leitet sich aus (5.14) eine "globale Überschreitungswahrscheinlichkeit" $\gamma$ für das Ereignis ab, daß ein Patient noch extremere Werte liefert als der aktuell betrachtete:

$$(5.15) \qquad \gamma = \min\left\{ 1 \ ; \ \frac{n \cdot p_{(j)}}{j} \cdot \sum_{i=1}^{n} \frac{1}{i} \ \middle| \ j = 1,2,\ldots,n \right\}$$

Ein einfaches Beispiel soll dies veranschaulichen.

Bei einer differentialdiagnostischen Fragestellung sollen $N=N_1+N_2+N_3$ Laborwerte eines Patienten anhand von n=3 Normbereichen $S^{(1)}$, $S^{(2)}$ und $S^{(3)}$ überprüft werden. Den drei Variablen-Tupeln mögen die Werte $\alpha_1=0.01$, $\alpha_2=0.05$ und $\alpha_3=0.10$ und die Überschreitungswahrscheinlichkeiten $p_1=0.008$, $p_2=0.040$ und $p_3=0.300$ zugeordnet sein (zur Motivation vgl. dazu auch Elveback (1973) und die entsprechenden Bemerkungen in Abschnitt 5.1). Abbildung 9 zeigt die Ergebnisse einer multiplen Prüfung der drei Normbereiche mit dem Hommel'schen Verfahren, das in Abschnitt 5.2 skizziert wurde:

**Test einer Globalhypothese und ihrer Implikationen**

| | Alpha | P |
|---|---|---|
| H0(1): | 0.01000 | 0.00800 |
| H0(2): | 0.05000 | 0.04000 |
| H0(3): | 0.10000 | 0.30000 |

**Simultane Tests nach Hommel:**

| |  | |  |
|---|---|---|---|
| H0(1 ): | C1 = 0.04400 | * | C2 = 0.16000 |
| H0( 2 ): | C1 = 0.22000 | | C2 = 0.16000 |
| H0( 3): | C1 = 1.00000 | | C2 = 1.00000 |
| H0(12 ): | C1 = 0.04400 | * | C2 = 0.06000 |
| H0(1 3): | C1 = 0.04400 | * | C2 = 0.16000 |
| H0( 23): | C1 = 0.22000 | | C2 = 0.16000 |
| H0(123): | C1 = 0.04400 | * | C2 = 0.06000 |

C1 = Pruefgroesse ohne Vorgabe von Signifikanzschranken
C2 = Pruefgroesse mit Vorgabe von Signifikanzschranken

Abbildung 9: Ergebnisse einer multiplen Pruefung von drei Normbereichen

Jeweils isoliert betrachtet bzw. bei einer ersten Untersuchung des Patienten würde man diesen auf Grund der Bereiche $S^{(1)}$ und $S^{(2)}$ vorläufig als "krank" bezeichnen und eine Nachuntersuchung anstreben. Die simultane Prüfung gestaltet sich etwas schwieriger:

Die Größe C1 aus Abbildung 9 entspricht der Größe $\gamma_J$ aus Formel (5.14) und stellt die Prüfung anhand von Überschreitungswahrscheinlichkeiten dar. Legt man ein gewünschtes Gesamtrisiko $\alpha$ für eine falsch positive Entscheidung mit $\alpha = 5\% = 0.05$ fest, so zeigt sich, daß der Patient "insgesamt" als "krank" bezeichnet werden muß, da die Global-Hypothese ("H0(123)") zurückgewiesen wird. Diese Zurückweisung begründet sich bereits mit der Eigenschaft der Kohärenz der Hommel'schen Methode. Der Patient zeigt bei $S^{(1)}$ pathologische Werte, demzufolge müssen auch alle Hypothesen abgelehnt werden, die $S^{(1)}$ beinhalten.

Die Größe C2 ergibt sich aus Formel (5.12) und gestattet die multiple Prüfung, wenn lediglich die Werte von $\alpha_i$ nach (5.3), nicht aber die Überschreitungswahrscheinlichkeiten $p_i$ gegeben sind. Gibt man wieder eine Schwelle von $\alpha = 0.05$ vor, so kann hier keine der sieben Hypothesen abgelehnt werden. Dies ist in Hinblick auf den relativ kleinen Wert von $p_1 = 0.008$ sicher überraschend, macht aber den konservativen Charakter der Methode deutlich.

## 5.3 Identifizierung pathologischer Werte

Liegt ein Patient mit seinem N - Tupel von Meßwerten (seinem "Testpunkt")

$$(5.16) \quad x = (x_1, x_2, \ldots, x_N) \in \Omega = \mathbb{R}^N$$

außerhalb eines N - dimensionalen Normbereiches S, so möchte man dies in der Diagnostik vielfach durch pathologische Werte einzelner oder einiger der den multivariaten Normbereich tragenden Variablen erklären. Im Folgenden werden dazu zwei Möglichkeiten zur individuellen Prüfung der Werte $x_i$ eines Patienten beschrieben (vgl. Ackermann (1980)). Es ist sicher naheliegend, die in Abschnitt 5.2 diskutierten Verfahren zur multiplen Prüfung von mehreren Normbereichen auf die vorliegende Situation eines "Nachtestes" zu übertragen, um auch hier eine Kontrolle des Umfanges falsch positiver Entscheidungen zu gewährleisten, was aber nur in speziellen Fällen zu befriedigenden Ergebnissen führt.

Möchte man in einer ersten Version eines "Nachtestes" dem inneren Zusammenhang der N Dimensionen des Normbereiches S entsprechen, so kann man, abgesehen von $J = \{1, 2, \ldots, N\}$, für alle J aus der Potenzmenge $\mathfrak{J}$ (vgl. Definition (5.10)) die Projektion des Normbereiches S und die des Testpunktes x in alle Unterräume

$$(5.17) \quad \mathbb{R}^{\|J\|} = [\ e_j \mid j \in J\ ]$$

betrachten. Liegt das projizierte $\|J\|$ - Tupel des Patienten in der Projektion des Normbereiches S, dann gibt es $\forall j \notin J$ Werte $x_j'$, so daß das N - Tupel $y = (y_1, y_2, \ldots, y_N)$ mit

$$(5.18) \quad y_j = \begin{cases} x_j & \text{falls } j \in J \\ x_j' & \phantom{\text{falls }} j \notin J \end{cases}$$

im N-dimensionalen Bereich S liegt. Dies bedeutet, daß man bestimmte klinische Variablen $X_j$, $j \notin J$, zum Beispiel durch eine Therapie gezielt beeinflussen müßte, um den Patienten mit seinem Werte-N-Tupel $y = (y_1, y_2, \ldots, y_N)$ nach Formel (5.18) in den Normbereich S zu "verschieben". Die folgende Abbildung 10 soll dieses Vorgehen für den bivariaten Fall veranschaulichen; der zweidimensionale Normbereich S ist als unregelmäßiges 7-Eck skizziert. Für $J = \{1\}$ wird die Projektion des Normbereiches S und die des Testpunktes $x = (x_1, x_2)$ auf die $X_1$-Achse betrachtet: Es zeigt sich, daß der Wert $X_2 = x_2$ "verantwortlich" dafür ist, daß der Testpunkt x außerhalb des bivariaten Bereiches liegt, jedoch "nach Therapie" mit Werten $X_2 = x_2'$ aus dem markierten Intervall in den Normbereich wandern könnte.

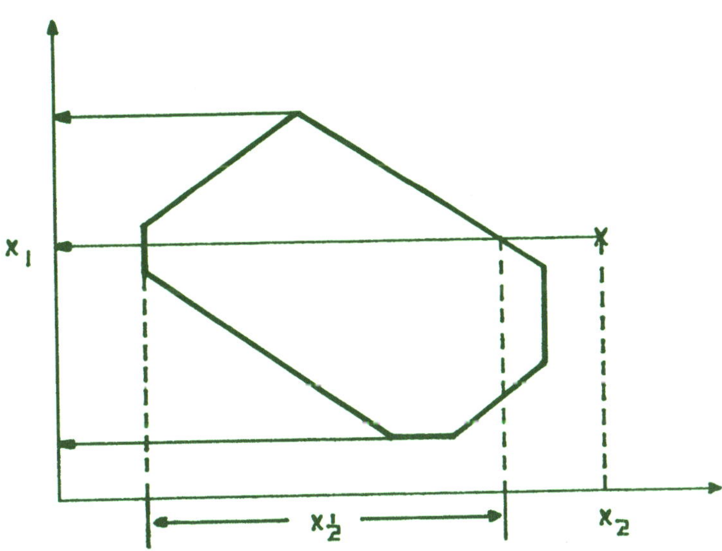


ABB. 10: INDIVIDUELLE PRUEFUNG VON VARIABLEN

Bei diesem und auch bei dem nachfolgend vorgeschlagenen Vorgehen geht natürlich der biologische Zusammenhang der Komponenten des Testpunktes verloren, denn es ist bei der gegenseitigen Abhängigkeit medizinischer Variablen sicher nicht zu erwarten, daß eine davon beeinflußbar ist und alle übrigen konstant bleiben. Entsprechend sollte auch die Interpretation der "pathologischen Werte" recht modest erfolgen.

Eine zweite Variante der individuellen Variablenprüfung ist denkbar, wenn man für alle Teilmengen J für die in Frage stehenden Variablen eine Neuberechnung eines Normbereiches $S^{(J)}$ vornimmt und diesen an Stelle der entsprechenden Projektion betrachtet. Dieses Vorgehen scheint der multivariaten Struktur insbesondere des Testpunktes x eher gerecht zu werden und gestattet die Konstruktion von (im umgangssprachlichen Sinne) abgeschlosseneren Teilhypothesen. Ein Nachteil dieses kombinatorischen Verfahrens ist offensichtlich der nicht unerhebliche Rechenaufwand, denn es müssen

$$(5.19) \qquad p = \| 2^{\{1,2,\ldots,N\}} - \{1,2,\ldots,N\} - \{\emptyset\} \| = 2^N - 2$$

Normbereiche $S^{(J)}$ niedrigerer Dimension neu berechnet werden.

Eine entscheidungsorientierte Behandlung der beiden oben beschriebenen Vorgehensweisen stößt im allgemeinen auf einige Schwierigkeiten. Möchte man etwa analog zum letzten Abschnitt 5.2 eine multiple Prüfung auf der Basis des Hommel'schen Verfahrens durchführen, und faßt dazu die jeweils eindimensionalen Normbereiche als Basis für N Elementarhypothesen auf, so stellt man fest, daß bereits die Konjunktionen von je zwei dieser Elementarhypothesen nicht mit den entsprechenden bivariaten Normbereichen korrespondieren, da diese nicht nur Rechteckbereiche, sondern, wegen der Erfassung der Korrelationen zwischen den Variablen, das Innere von beliebigen, geschlossenen Polygonzügen darstellen. Die Abbildungen 4 und 7 aus Kapitel 3 machen dies leicht anschaulich. Aus diesem Grunde müßte also formal jeder der $p = 2^N-2$ projizierten beziehungsweise neu berechneten Normbereiche als Grundlage für eine Elementarhypothese aufgefaßt werden. Eine damit verbundene Kontrollierung des "Fehlers 1. Art" für falsch positive Entscheidungen erscheint unter praktisch-diagnostischen Gesichtspunkten wenig sinnvoll, so daß auf eine Anwendung der entsprechenden Methoden verzichtet und die Betrachtung "im explorativem Sinne" vorgenommen werden sollte.

Eine a-priori-Beschränkung auf nur wenige auszuschließende Variablen, die auch sicher den Belangen eines klinischen Diagnostikers eher entsprechen mag, kann hier als Ausweg dienen. Läßt man für $\|J\|$ nur "große" Werte, zum Beispiel N-1 oder $\geq$ N-2 zu und verringert damit die Anzahl der Elementarhypothesen auf $N = \binom{N}{N-1}$ bzw. $\frac{N(N+1)}{2} = \binom{N}{N-1} + \binom{N}{N-2}$, so kann, in Abhängigkeit von der Größe von N, eine quantitative Beurteilung des "Fehlers 1. Art" durchaus in Erwägung gezogen werden.

## 6. Fragen der medizinischen Anwendung

In den Kapiteln 1 bis 5, aber auch in der Einleitung, wurden verschiedentlich praktische Aspekte der Theorie der Normbereiche angesprochen, die sicher von einem ausreichenden allgemeinen Interesse sind, um in einem abschließenden Kapitel zusammengefaßt zu werden. Dieses Kapitel knüpft an die Inhalte des 1. Kapitels an und versucht, die mathematische Theorie in den medizinischen Kontext des Themenkomplexes "Normbereiche" einzubetten, stellt aber sicherlich keine "erschöpfende" Behandlung des in Frage stehenden Problemkreises dar. Die Diskussion dieser Themata ist nach wie vor im Gange und wird auch zum Teil recht kontrovers geführt, wie ein Blick in die angegebene Literatur bestätigt.

Die Frage nach der "Normalität" konnte in Abschnitt 1.1 nicht beantwortet werden. In Abschnitt 6.1 wird in Übereinstimmung mit der Saris'schen "Provisional Recommendation" eine definitorische Annäherung beschrieben, die auch in der Literatur weitgehend praktiziert wird. Abschnitt 6.4 setzt sich mit den Schwierigkeiten bei der Definition einer der Referenz - Stichprobe zugrunde liegenden Referenz - Population auseinander.

In der Planungsphase einer Erhebung von multivariaten Normbereichen stellt die Auswahl von "relevanten" klinischen Variablen ein zentrales Problem dar, das in Abschnitt 6.3 unter weiterführenden Gesichtspunkten diskutiert wird. Abschnitt 6.2 beschäftigt sich mit der Wahl der Überdeckung $\pi$ und deren Konfidenz $\alpha$ bzw. $1-\alpha$. In diesem Zusammenhang werden auch Anwendungsmöglichkeiten für Normbereiche mit inneren und äußeren Grenzen aufgezeigt.

Der letzte Abschnitt skizziert beispielhaft für eine denkbare Anwendung der Theorie ein Labordaten - Analysesystem, in dessen (oder in einem ähnlichen) Rahmen nicht - parametrische, uni-, multivariate und multiple Normbereiche in der Praxis sinnvoll eingesetzt werden können.

## 6.1 Definition einer Referenz - Stichprobe

Zur Konstruktion eines Normbereiches möchte man gerne die Daten "gesunder" Probanden heranziehen. Nach dem Exkurs zum Normalitätsbegriff aus dem 1. Kapitel erscheint eine praktische Anwendung von Normbereichen nur unter sehr restriktiven Bedingungen möglich zu sein, da der Anspruch, mit einem Normbereich einen definierten Anteil der "Gesunden" zu erfassen, nicht ernsthaft vertreten werden kann.

Einige Autoren versuchen, in Anlehnung an die "Definitionen" aus Abschnitt 1.1, Auswahlkriterien für geeignete Probanden festzulegen, deren Daten zur Bestimmung von Normbereichen dienen sollen; als Beispiele seien nur die Kriterien "subjektiv und objektiv gesund" (Gross und Wichmann (1979)) oder "vermutlich gesund" (Abt (1982)) genannt. Mit solchen allgemein gefaßten Kriterien muß man in Kauf nehmen, daß leicht auch "kranke" Probanden in die Untersuchung eingehen: eine Toxoplasmose - Infektion einer Mutter, die sich subjektiv gesund fühlt, wird vielfach erst an ihrem Kind manifest, eine Beurteilung der "objektiven Gesundheit" ist entweder dem ärztlichen Zeitgeist oder bestenfalls definierten "objektiven" Maßstäben unterworfen. Die wissenschaftliche Medizin pflegt bereits seit langem die Praxis einer Festlegung "objektiver" Kriterien, was in der Theorie der Referenzwerte bei Saris (1978) einen Niederschlag findet: "A reference individual is an individual selected using defined criteria" (Saris (1978)). Die Kriterien von Keating, Jones, Elveback und Randall (1969) und von Grams, Johnson und Benson (1972) illustrieren dies exemplarisch. Weitere Gedanken zur Auswahl der Probanden finden sich zum Beispiel bei Mainland (1969).

Keating et al. verlangen negative Befunde bei einer körperlichen Untersuchung, bei roentgenologischen Untersuchungen von Herz und Lunge, eine negative Urinuntersuchung und "normale" Hämoglobin- und Leukozyten - Werte. Grams et al. verwenden die Daten von Blutspendern, die den Anforderungen der American Association of Blood Banks genügen müssen und keine gesundheitlichen Beschwerden haben dürfen, um als Referenz - Individuen akzeptiert zu werden.

Solche Auswahlverfahren sind nicht unproblematisch, denn eine hieraus resultierende Stichprobe stellt wegen der Verwendung bestehender Normen offenbar eine Selektion dar und kann damit nicht mehr für die fiktive Population aller Gesunden repräsentativ sein. (Im Modellfall der strengen, wenn auch medizinisch unrealistischen Unabhängigkeit der selektierenden Variablen zeigt Tabelle 1, daß bei Anwendung von zum Beispiel 20 Auswahlkriterien nur etwa jeder dritte an sich gesunde Proband zur Konstruktion des neuen Normbereiches herangezogen wird.) Es ist zu erwarten, daß Normbereiche, die aus diesen selektierten Stichproben konstruiert werden, wegen der unnatürlichen Homogenität der Probanden "zu klein" sind, das heißt, daß die Mißklassifikationswahrscheinlichkeiten für "falsch positiv" und für "falsch negativ" in unkontrollierter Weise verändert werden.

Im Rahmen des Saris'schen Konzeptes der Referenz - Bereiche ist also folgerichtig zu fordern, daß bei der Planung, der Dokumentation und der Anwendung von Normbereichen stets die Kriterien, nach denen die Probanden ausgewählt wurden, präzise anzugeben und angemessen zu berücksichtigen sind. In der Praxis ist dies im allgemeinen nur für Kategorien wie Alter, Geschlecht etc. der Fall, die aber in keinem direkten Zusammenhang mit dem gesundheitlichen Zustand der Probanden stehen und deshalb erst in Abschnitt 6.4 betrachtet werden.

## 6.2 Wahl einer Überdeckung $\pi$

Die Wahl einer Überdeckung $\pi$ eines nicht-parametrischen Normbereiches und eventuell einer Konfidenz $\alpha$ bzw. $1-\alpha$ ist allein von inhaltlich-medizinischen Überlegungen bestimmt. In Kapitel 5 wurden unter dem Gesichtspunkt der multiplen Prüfungen bereits die Inhalte und Konsequenzen der Wahrscheinlichkeiten für "falsch positiv" und für "falsch negativ" diskutiert. Wie dort auch erwähnt wurde, treffen diese Überlegungen fast unverändert bei der Festlegung der Überdeckung $\pi$ eines Normbereiches zu.

Kleine Werte von $\pi$ (das bedeutet enge Grenzen eines Normbereiches) führen zu einer Verkleinerung des Risikos für falsch negative Entscheidungen und eignen sich somit besonders für Erstuntersuchungen, da hierbei das Risiko, eine mögliche Erkrankung zu übersehen, klein sein sollte. Umgekehrt führen große Werte von $\pi$ (die weite Grenzen des Normbereiches zur Folge haben) zu einer Verkleinerung der Wahrscheinlichkeit für falsch positive Entscheidungen und können sich somit eher für differentialdiagnostische Untersuchungen eignen. Besonders bei Vorliegen von kleinen Stichprobenumfängen empfiehlt es sich, die beiden Mißklassifikationswahrscheinlichkeiten für falsch positive und falsch negative Entscheidungen durch die Verwendung von inneren und äußeren Grenzen zu kontrollieren. Das Lemma von Paulson und Formel (5.3) geben hierüber Aufschluß. Bei Rümke und Bezemer (1972) und Abt (1982) finden sich weitere Aspekte, die eine Verwendung von inneren Grenzen in der Medizin motivieren.

Ein zusätzlicher Gesichtspunkt bei der Wahl einer Überdeckung $\pi$ ergibt sich durch die Möglichkeit einer Wichtung der Normbereiche, was besonders bei der Planung von Bereichen von Interesse sein kann, die simultan angewendet werden; vgl. dazu auch wieder Kapitel 5. Diese Wichtung kann von einer speziellen Diagnose, aber auch von der absoluten medizinischen Relevanz der betrachteten klinischen Variablen abhängen. Formal würde ein kleiner Wert von $\pi$ und/oder innere Grenzen eine höhere Bewertung der Variablen beinhalten als ein großer Wert von $\pi$ bzw. äußere Grenzen der Bereiche, da im ersten

Fall das Risiko für "falsch positiv" zu Gunsten der Wahrscheinlichkeit für eine falsch negative Entscheidung vergrößert wird.

In Abschnitt 1.1 stellte sich heraus, daß eine sinnvolle Trennung zwischen "gesund" und "krank", letztlich also auch die Festlegung von "Norm" - Grenzen, durch eine "Grauzone" zwischen den beiden Extrema erschwert wird. Gross und Wichmann (1979) schlagen deshalb vor, die beiden Alternativen "gesund" und "krank" wenigstens durch die zusätzliche Kategorie "ambivalent" oder "grenzwertig" zu ergänzen. In der Terminologie der Formeln (2.4) und (2.5) bedeutet dies, zwei Bereiche $S^{(1)}$ und $S^{(2)}$ für zwei Populationsanteile $\pi_1$ und $\pi_2$ zu bestimmen,

$$(6.1) \quad S^{(i)} : P[\, U(S^{(i)}) \leq \pi_i \,] = 1 - \alpha \quad ; \quad i = 1,2 \; ; \; \pi_1 < \pi_2 \quad ,$$

so daß man einen Bereich $S^{(*)}$ erhält, der außerhalb von $S^{(1)}$, aber noch innerhalb von $S^{(2)}$ liegt und damit die Kategorie "ambivalent" charakterisiert:

$$(6.2) \quad S^{(*)} = S^{(2)} \cap \overline{S}^{(1)} \quad .$$

Formel (6.1) entspricht der Definition (2.5) von Normbereichen mit inneren Grenzen. Für Normbereiche mit äußeren Grenzen und für Bereiche mit $\pi$ - Erwartung (vgl. die Formel (2.3) und (2.4)) gilt natürlich entsprechendes.

Abt (1982) diskutiert die unterschiedliche Qualität von Normbereichen mit inneren und äußeren Grenzen anhand des "Fehlers 2. Art"; die Wahrscheinlichkeit für eine falsch negative Entscheidung ist bei inneren Grenzen kleiner als bei äußeren Grenzen, sofern nur der Wert der Überdeckung $\pi$ fest ist. Dieser Sachverhalt erlaubt eine weitere Definition einer Kategorie "ambivalent". Bezeichnet man den Normbereich mit inneren Grenzen mit $S^{(1)}$ und den korrespondierenden

Bereich mit äußeren Grenzen mit $S^{(2)}$, so erhält man mit diesen beiden Bereichen und mit $S^{(*)}$ aus Formel (6.2) eine alternative Definition der Kategorie grenzwertiger Entscheidungen. Der Bereich $S^{(*)}$ kann inhaltlich als eine Unsicherheitszone interpretiert werden, die durch die Variabilität der Grenzen der Normbereiche bedingt ist und umso größer ist, je kleiner der Stichprobenumfang n ist. Zur Quantifizierung der Überdeckung $U(S^{(*)})$ kann wieder das Theorem 2.7 bzw. das Lemma von Paulson aus Kapitel 2 herangezogen werden.

## 6.3 Selektion relevanter Variablen

Die Erstellung von univariaten Normbereichen erfordert naturgemäß keine planende Überlegung zur Auswahl von relevanten klinischen Variablen; diese Bereiche sind, von der Wahl einer Überdeckung $\pi$ abgesehen, "universell" verwendbar. Bei multivariaten Normbereichen stellt sich die Situation als etwas schwieriger dar.

Das Problem der Wichtung von Variablen wurde bereits erwähnt und wird implizit auch wieder in diesem Abschnitt behandelt. Ein weiteres Problem bei der Auswahl und Behandlung von klinischen Variablen zeigt sich darin, daß multivariate Normbereiche in sinnvoller Weise nur in Abhängigkeit von bestimmten Diagnosen konstruiert und angewendet werden können. Zur Stützung dieser Behauptung kann die Arbeit von O'Halloran, Studley-Ruxon und Wellby (1970) genannt werden, deren Autoren mit Hilfe von parametrischen Normbereichen "Normals", "Outpatients" und "Inpatients" bezüglich einer Reihe von Variablen vergleichen und feststellen, daß die Unterschiede zwischen den Bereichen stark von der jeweils betrachteten Patientengruppe abhängen, mithin also Diagnose - abhängige Normbereiche konstruiert werden sollten. Die Auswahl der für eine Diagnose relevanten Variablen ist natürlich primär von der medizinischen Fragestellung aus zu entscheiden, kann aber auch durch formale mathematisch-statistische Verfahren unterstützt werden. Inhalt dieser Verfahren ist stets, eine möglichst gute Trennung der mutmaßlich Gesunden von Patienten mit einer bestimmten Diagnose zu erzielen.

Abt und Ackermann (1981) schlagen verschiedene, aus der Literatur bekannte Methoden zur Auswahl "Diagnose - relevanter" klinischer Variablen vor. Als erste und älteste Methode kann die von Fisher(1936) entwickelte lineare Diskriminanzanalyse genannt werden. Bei Quesenberry und Gessaman (1968), bei Repges (1975) und bei Kubinger (1983) finden sich Trennverfahren, die auf die Verteilungsannahmen der Fisher'schen Diskriminanzanalyse verzichten und somit dieser im allgemeinen vorzuziehen sind. Bei Gupta und Kim (1978), Fischer und Thiele (1979) oder bei Koffler und Penfield (1979) finden sich weitere, auch im Kontext dieses Abschnittes interessante Beiträge zur nicht-parametrischen Diskriminanzanalyse. Wernecke und Kalb (1983) berichten über Schätzverfahren des Klassifikationsfehlers in der parametrischen Diskriminanzanalyse.

Victor (zit. in Vogel (1976)) schlägt als Auswahlkriterium eine schrittweise Diskriminanzanalyse vor. Zunächst wird geprüft, welche von N gegebenen Variablen univariat am besten zwischen "Gesunden" und Patienten mit einer bestimmten Diagnose trennt. Anschließend wird diese Variable zusammen mit je einer der verbliebenen N-1 Variablen bivariat betrachtet und das Paar ermittelt, das die beste Trennung der beiden Gruppen erlaubt; das Verfahren läßt sich analog für Tripel, Quadrupel etc. von Variablen fortsetzen. In jedem Schritt des Verfahrens kann die Verbesserung der Trennung der Gruppen mit Hilfe der Mahalanobis - Distanz statistisch geprüft werden.

Nach Abschluß eines solchen Verfahrens erhält man eine Anzahl von Variablen, die aus einer unter medizinischen Gesichtspunkten großzügig zusammengestellten Menge von Variablen ausgewählt wurde und statistisch eine gute Trennung der "Gesunden" von der Diagnose-Gruppe gestatten, das heißt, zu einer Verkleinerung des Anteils der falsch negativen Entscheidungen beitragen, sofern der entsprechende Normbereich zur Diagnostizierung der betrachteten Erkrankung verwendet wird.

Abschließend muß nochmals daran erinnert werden, daß der Dimension eines Normbereiches einige Grenzen gesetzt sind, denn mit wachsender Dimension N steigt der Stichprobenumfangsbedarf sehr rasch an. Hierzu sei auf Kapitel 4 und besonders auf die Formeln (3.13) und (3.25) verwiesen. Für praktische Anwendungen kommen somit im allgemeinen nur Normbereiche mit niedriger Dimension in Betracht, was wiederum eine sorgfältige Auswahl der klinischen Variablen bedingt.

## 6.4 Stratifizierte Normbereiche

In der Medizin ist es eine wohlbekannte Tatsache, daß man keine allgemeingültigen Normbereiche definieren kann, und folgerichtig nur Normbereiche für Teilpopulationen berechnen und anwenden sollte. Diese Forderung schließt sich an Abschnitt 6.1 an und verlangt eine weitere Präzisierung der Referenz - Stichprobe und damit auch der Referenz - Population.

Elveback (1973) hält die Unterscheidung in Teilpopulationen für Alter, Geschlecht und Rasse für eine Minimalforderung. Ein Beispiel für eine Unterteilung in Altersklassen und Geschlecht wurde von van Eimeren (1972) gegeben, der geschlechtsabhängige bivariate, parametrische Normbereiche für den systolischen und den diastolischen Blutdruck in verschiedenen Altersklassen untersucht; dieses Beispiel wurde in Abbildung 2 in modifizierter Form wiedergegeben. Makosch, Ackermann und Hövels (1982b) bestimmen bivariate, nicht-parametrische Normbereiche für Körpergröße und -gewicht Neugeborener verschiedener Nationalitäten.

Herrera (1958) und Mainland (1969) diskutieren die Notwendigkeit, die Unterschiede zwischen den Bevölkerungen verschiedener geographischer Regionen zu erfassen.

Gross und Wichmann (1979) führen als weitere mögliche Einflußfaktoren Konstitution, Tagesrhythmik, Lebensgewohnheiten, Umwelteinflüsse, Milieu und Medikamenteneinnahme an und erläutern diese Faktoren anhand von medizinischen Beispielen.

Abt (1982) erinnert daran, daß sich im Laufe der Zeit maßgebliche Umwelteinflüsse verändern und eine Aktualisierung von Normbereichen erforderlich machen können. Abt schlägt deshalb eine permanente Aktualisierung vor, bei der die chronologisch jeweils ersten Probanden durch eine neu hinzugekommene Gruppe ersetzt und die Normbereiche neu berechnet werden.

Es muß nicht eigens betont werden, daß einem diagnostizierenden Arzt neben den Laborwerten seines Patienten natürlich auch alle, in den Abschnitten 6.1 und 6.4 in Erwägung gezogenen Faktoren bekannt sein müssen. Zur Standardisierung dieser Fülle von Information schlägt Elveback (1973) eine Berechnung der Alters - Rasse - Geschlechts - ... -spezifischen Percentile vor, deren numerischer Wert dem behandelnden Arzt angegeben werden kann und diesem Vergleiche zwischen den verschiedenen Kategorien bzw. Teilpopulationen erlaubt.

## 6.5 Weitere Anwendungsmöglichkeiten

Die Praktikabilität der Theorie der multiplen multivariaten Normbereiche ist in Hinblick auf den Berechnungs-, Darstellungs- und Anwendungsaufwand sicher nur beim Einsatz von Rechenanlagen gewährleistet, was aber beim gegenwärtigen Stand der Entwicklung der elektronischen Datenverarbeitung in der Medizin kein unüberwindliches Hindernis darstellen kann. In diesem Abschnitt soll als eine denkbare Anwendungsmöglichkeit der Theorie ein Labordaten - Analysesystem beschrieben werden, das von Grams, Johnson und Benson (1972) für den Einsatz auf Mini - Computern entwickelt wurde. (Die Aktualität dieses Beispiels darf in Zweifel gezogen werden, was aber mit dessen übersichtlicher Struktur und seinem illustrativem Wert entschuldigt werden kann. Interessierte Leser/innen seien auf die neuere Arbeit von Rehpenning (1983) hingewiesen, der auf der Basis von multivariaten Gauß - Verteilungen ein recht komplexes System zur "Multivariaten Datenbeurteilung" beschreibt.) Die Autoren verwenden an verschiedenen Stellen in ihrem Analysesystem multivariate, parametrische Verfahren, unter anderen auch parametrische Normbereiche, deren Anwendbarkeit, insbesondere im höherdimensionalen Fall, nicht ohne weiteres gewährleistet ist; es ist natürlich naheliegend, diese parametrischen Bereiche durch korrespondierende nicht - parametrische Normbereiche zu ersetzen.

Das Labordaten - Analysesystem von Grams, Johnson und Benson setzt sich im wesentlichen aus vier Teilen zusammen: Der erste Teil besteht aus einer Eingangsprüfung der Daten, der zweite Teil aus einer multivariaten (parametrischen) Prüfung auf "Normalität", der dritte Teil aus einem multivariaten Diagnose - System und der vierte Teil aus einer "Trend - Analyse" der Patientendaten im Zeitverlauf.

Zur Eingangsprüfung des Werte - Tupels eines Patienten wird eine für diesen Zweck installierte Patienten - Datenbank zu Rate gezogen, in der die früheren Laborwerte des Patienten gespeichert sind. Falls solche Daten vorhanden sind, wird untersucht, ob der Zustand des Patienten "stabil" geblieben ist oder ob sich irgendwelche Änderungen feststellen lassen. Grams et al. berücksichtigen dabei die

Patienten - spezifische Variabilität innerhalb eines Tages und zwischen verschiedenen Tagen. Falls eine Veränderung des Zustandes des Patienten registriert wurde, wird eine weitere Untersuchung der Daten mit der Trend - Analyse (vgl. weiter unten) vorgesehen.

Im nächsten Schritt der Datenanalyse folgt eine Prüfung der Daten anhand von stratifizierten multivariaten Normbereichen. Wie bereits eingangs bemerkt wurde, sollten die verwendeten parametrischen Normbereiche durch nicht - parametrische Bereiche ersetzt werden, um auf Verteilungsannahmen und gegebenenfalls auch auf Datentransformationen verzichten zu können. Es bietet sich an, diesen Schritt der Datenanalyse durch eine Anwendung der Überlegungen aus Kapitel 5 (multiple Prüfungen) und aus Abschnitt 6.2 (Wahl der Überdeckung) zu ergänzen. Ergibt sich bei der multivariaten Normalitätsprüfung ein negativer Befund, so fährt das System mit der Trend - Analyse fort, ansonsten wird im dritten Schritt der Analyse versucht, eine Differentialdiagnose zu treffen.

Der dritte Teil der Grams'schen Datenanalyse besteht in dem Versuch einer "multivariaten Klassifikation". Dazu wird das Werte - Tupel des Patienten mit einem Katalog von bekannten Krankheiten verglichen und diejenige Krankheit bzw. Krankheitsgruppe ermittelt, der der Patient vermutlich zugeordnet werden muß. (Die Autoren spezifizieren ihr Vorgehen nicht eingehend, es ist aber denkbar, daß neben der nicht - parametrischen Diskriminanzanalyse auch hier die beschriebene Theorie Anwendung finden könnte. Ein Ansatz hierzu ist die Bestimmung von multivariaten Diagnose - Bereichen, wie bei Makosch, Ackermann und Hövels (1982b) im Zweidimensionalen beispielhaft skizziert wird.) Nach dem Versuch, eine Differentialdiagnose zu stellen, wird zum Abschluß der Untersuchung eine "Trend - Analyse" durchgeführt.

Die Trend - Analyse untersucht die Laborwerte des Patienten in Hinblick auf deren zeitlichen Verlauf, der, trotz multivariater "Normalität" des Patienten, erst Ausdruck eines Krankheitsgeschehens sein kann. Grams et al. geben dazu ein anschauliches Beispiel: Ein Infarkt - Patient lag vor seinem Infarkt mit seinen Werten in einer "Ecke" eines relevanten Normbereiches. Nach dem Infarkt wandert sein Tupel von Meßwerten an den Rand des Normbereiches und kommt dort zur Ruhe, ohne jedoch formal als "pathologisch" erkannt zu werden.

Grams, Johnson und Benson schreiben von ersten Anwendungen ihres Analysesystems in der Praxis und berichten von zufriedenstellenden Erfolgen, betonen aber, daß sich das System noch in einer Entwicklungsphase befindet. Eine Untersuchung der Leistungsfähigkeit des Systems bei Einsatz von multiplen, nicht-parametrischen, multivariaten Normbereichen könnte eine reizvolle Aufgabe darstellen und von großem Interesse sein.

## Literatur


1. Abramowitz, M. and I. Stegun (1972) Handbook of Mathematical Functions. Dover Publications, Inc., New York.

2. Abt, K. (1977) Skalenunabhaengige multivariate nichtparametrische Toleranzbereiche. Tagungsbericht 8/1977, "Mathematische Methoden in der Medizin",20.-26.2.1977, Math. Forschungsinst. Oberwolfach.

3. Abt, K. (1982) Scale-independent non-parametric multivariate tolerance regions and their application in medicine. Biom. J. Vol. 24, No. 1, pp.27-48.

4. Abt, K. und H. Ackermann (1981) Univariate und multivariate Normbereiche in der Medizin. Med. Welt 13/81, S. 409-413.

5. Ackermann, H. (1977) BASIC in der medizinischen Statistik. Vieweg-Verlag Braunschweig.

6. Ackermann, H. (1979) Dokumentation von FORTRAN IV- und BASIC-Programmen zur Berechnung und graphischen Darstellung von multivariaten nicht-parametrischen Normbereichen. Unveroeff. Univ. Ffm.

7. Ackermann, H. (1980) Skalierungsinvariante multivariate nicht-parametrische Normbereiche. Diss. Univ. Frankfurt am Main.

8. Ackermann, H. (1983a) Multivariate Non-parametric Tolerance Regions: A New Construction Technique. Biom. J. 25, pp. 351-359.

9. Ackermann, H. (1983b) Sind '$\bar{x}$+-2s'-Bereiche nuetzliche diagnostische Hilfsmittel? Med. Welt 34, Heft 7, pp. 212-215.

10. Ackermann, H. (1983c) Eine Monte-Carlo-Untersuchung zum Zentralen Grenzwertsatz. EDV in Medizin und Biologie 14, Heft 1, pp. 19-23.

11. Ackermann, H. (1984) Algorithmen zur Theorie der multivariaten nicht-parametrischen Normbereiche. Statistical Software News - letter Vol. 10, No. 2, pp. 93-95.

12. Ackermann, H. und K. Abt (1984) Designing the Sample Size for Non-parametric Multivariate Tolerance Regions. Biom.J. 26, No. 7, pp. 723-734.

13. Albritton, E.C. (1952) Standard Values in Blood. Philadelphia, Saunders.

14. Anderson, M.W. and R.D. Benning (1970) A Distribution-free Discrimination Procedure Based on Clustering. IEEE Trans. Inform. Theory IT-16, pp. 541-548.

15. Bauer, H. (1974) Wahrscheinlichkeitstheorie und Grundzuege der Masstheorie. De Gruyter Berlin, New York.

16. Birnbaum, Z.W. and H.S. Zuckerman (1949) A graphical determination of sample sizes for Wilks' tolerance limits. Ann.Math.Stat. 20, pp. 313-316.

17. Bock, H.E. (1972) Pathophysiologie I & II. Georg Thieme - Verlag Stuttgart.

18. Breth, M. (1979) Nonparametric Bayesian Interval Estimation. Biometrika 66, 3, pp. 641-644.

19. Buechner, F., E. Letterer und F. Roulet (1969) Handbuch der allgemeinen Pathologie. In: Prolegomena. Springer Verlag Berlin.

20. Canguilhem, G. (1977) Das Normale und das Pathologische. Ullstein-Verlag.

21. Cochrane, A.L. and P.C. Elwood (1969) Laboratory Data and Diagnosis. Lancet 22. Feb. 1969, p.420.

22. Danziger, L. and S.A. Davis (1964) Tables of Distribution-Free Tolerance Limits. Ann. Math. Stat. 35, pp. 1361-1365.

23. David, H.A. (1970) Order Statistics. John Wiley.

24. Eimeren, W. van (1972) Normwerte in der Medizin. Methodologische Aspekte und mehrdimensionale Normen. Habilitation Univ. Ulm.

25. Elveback, L.R. (1973) The Population of Healthy Persons as a Source of Reference Information. Hum. Path. 4, pp. 9-16.

26. Elveback, L.R., C.L. Guillier and F.R. Keating (1970) Health, Normality and the Ghost of Gauss. J. Am. Med. Ass. 211, pp.69-75.

27. Elveback, L.R. and W.F. Taylor (1969) Statistical Methods of Estimating Percentiles. Ann. N.Y. Acad. Sci. 161, pp. 538-548.

28. Feinstein, A.R. (1974) The Derangements of the "Range of Normal". Clin. Pharm. Ther. 15, 5, pp.528-540.

29. Feinstein, A.R. (1977) Clinical Biostatistics. Mosby St.Louis.

30. Feller, W. (1968) An Introduction to Probability Theory and Its Applications. John Wiley.

31. Fischer, K. and Chr. Thiele (1979) On a Distribution-Free Method in Discriminant Analysis. Math. Operationsforsch. und Stat. 10, pp. 281-290.

32. Fisher, R.A. (1936) The Use of Multiple Measurements in Taxonomic Problems. Ann. Eugen. 7, pp. 179-188.

33. Fisher, R.A. and F. Yates (1963) Statistical Tables for Biological, Agricultural and Medical Research. Oliver & Boyd, Edinburgh, London.

34. Fisz, M. (1976) Wahrscheinlichkeitsrechnung und mathematische Statistik. VEB Deutscher Verlag der Wissenschaften Berlin.

35. Fraser, D.A.S. (1951) Sequentially Determined Statistically Equivalent Blocks. Ann. Math. Stat. 22, pp. 372-381.

36. Fraser, D.A.S. (1953) Nonparametric Tolerance Regions. Ann. Math. Stat. 24, pp. 44-55.

37. Fraser, D.A.S. and I. Guttman (1956) Tolerance Regions. Ann. Math. Stat. 27, pp. 162-179.

38. Fraser, D.A.S. and R. Wormleighton (1951) Nonparametric Estimation IV. Ann. Math. Stat. 22, pp. 294-298.

39. Gabriel, K.R. (1969) Simultaneous test procedures - some theory of multiple comparisons. Ann. Math. Stat. 40, pp. 224-250.

40. Gibbons, J.D. (1971) Nonparametric Statistical Inference. McGraw-Hill.

41. Graesbeck, R. and N.E. Saris (1969) Establishment and Use of Normal Values. Scand. J. Clin. Lab. Invest. 24, 110, p. 62.

42. Grams, R.R., E.A. Johnson and E.S. Benson (1972) Laboratory Data Analysis System (Section I - VI). Amer. J. Clin. Pathol. 58, pp. 177-219.

43. Gross, R. und H.E. Wichmann (1979) Was ist eigentlich "normal"? Med. Welt Band 30, Heft 1, s. 2-14.

44. Grubbs, F.E. (1949) On Designing Single Sampling Inspection Plans. Ann. Math. Stat. 20, pp. 242-256.

45. Gupta, A.K. and B.K. Kim (1978) On a Distribution-Free Discriminant Analysis. Biom. J. 20, pp. 729-736.

46. Guttman, I. (1970a) Construction of beta-content tolerance regions at confidence level gamma for large samples from the k-variate normal distribution. Ann. Math. Stat. 41, pp. 376-400.

47. Guttman, I. (1970b) Statistical Tolerance Regions: Classical and Bayesian. Griffin's Stat. Monographs and Courses. No. 26, London.

48. Herrera, L. (1958) The Precision of Percentiles in Establishing Normal Limits in Medicine. J. Lab. & Clin. Med. 52, pp. 34-42.

49. Hoevels, O., G. Makosch, K. Bergmann et al. (1983) Repraesentative Untersuchungen zur Vitamin-D-Versorgung zweijaehriger Kleinkindern in Frankfurt am Main. Monatsschr. Kinderheilkunde 131, pp.23-27.

50. Holm, S. (1979) A simple sequentially rejective multiple test procedure. Scand. Statist. 6, pp. 65-70.

51. Hommel, G. (1979) Entwicklung einer statistischen Testtheorie fuer komplexe medizinische Fragestellungen. Habil. Erlangen, Reprint Palm und Enke Erlangen 1982.

52. Hommel, G. (1980) Test der Globalhypothese und ihrer Implikationen fuer die Kombination mehrerer Einzeltests. Aus: Biometrie-heute und morgen, Springer-Verlag.

53. Hommel, G. (1983) Tests of the Overall Hypothesis for Arbitrary Dependence Structures. Biom. J. 25, 5, pp. 423-430.

54. Jílek, M. (1981) A Bibliography of Statistical Tolerance Regions. Math. Operationsforsch. und Statistik, Ser. Stat.,12, pp.441-456.

55. Kamke, D. und K. Kraemer (1977) Physikalische Grundlagen der Masseinheiten. Teubner-Verlag Stuttgart.

56. Keating, F.R., J.D. Jones, L.R. Elveback, R.V. Randall (1969) The relation of age and sex to distribution of values in healthy adults of serum calcium, inorganic phosphorus, magnesium, alkaline phosphatase total proteins, albumin, and blood urea. J. Lab. Clin. Med. 73, p.825.

57. Kemperman, J.H.B. (1956) Generalized Tolerance Limits. Ann. Math. Stat. 27, pp. 180-186.

58. Kendall, M.G. and A. Stuart (1969) The Advanced Theory of Statistics I,II. Hafner Publ. Comp. New York.

59. Koehler, J., R. Hoewelmann und H. Kraemer (1968) Abbildungsgeometrie in vektorieller Darstellung. Otto Salle Frankfurt Hamburg.

60. Koffler, S.L. and D.A. Penfield (1979) Nonparametric Discrimination Procedures for Non-Normal Distributions. J. Statist. Comput. and Simul. 8, pp. 281-300.

61. Kowalsky, H.J. (1970) Lineare Algebra. De Gruyter Berlin.

62. Kubinger, K.D. (1983) Some elaborations towards a standard procedure of distribution-free discriminant analysis. Biom. J. Vol. 25, 8, pp. 765-774.

63. Lukacs, E. and R.G. Laha (1964) Applications of Characteristic Functions. Charles Griffin & Co.Ltd. London.

64. Mainland, D. (1969) Normal Values in Medicine. Ann. N.Y. Acad. Sci. 161, pp. 527-537.

65. Makosch, G., H. Ackermann und O. Hoevels (1982a) Multivariate Normbereiche fuer Knochen-, Nieren- und Blutbildparameter bei Kindern unter klinischen Gesichtspunkten. 18. Arbeitstagung fuer paediatrische Forschung in Goettingen, 11.-12. Maerz 1982. Publ. in Europ. J. Pediatr. (1982) 138, p. 99.

66. Makosch, G., H. Ackermann und O. Hoevels (1982b) Bivariater Normbereich fuer Koerpergewicht und Koerperlaenge unter diagnostischen Gesichtspunkten. Monatsschr. Kinderheilkd. 130, S.276-279.

67. Marcus, R., E. Peritz and K.R. Gabriel (1976) On Closed Testing Procedures with Special Reference to Ordered Analysis of Variance. Biometrika 63, pp. 655-660.

68. Merrington, M. (1941) Numerical Approximations to the Percentage Points of the Chi-squared Distribution. Biometrika 32,pp.200-202.

69. Miller, R.G. (1981) Simultaneous Statistical Inference. Springer-Verlag New York, Heidelberg, Berlin, 2. Auflage.

70. Mood, A.M., F.A. Graybill and D.C. Boes (1974) Introduction to the Theory of Statistics. McGraw-Hill.

71. Moran, P.A.P. (1980) Calculation of the Normal Distribution Function. Biometrika 67, pp. 675-676.

72. Morgenstern, D. (1980) Berechnung des maximalen Signifikanzniveaus des Testes "Lehne H0 ab, wenn k unter n gegebenen Tests zur Ablehnung fuehren". Metrika 27, pp. 285-286.

73. Murphy, E.A. (1966) A Scientific Viewpoint on Normalcy. Perspect. Biol. Med. 9, pp. 333

74. Murphy, E.A. (1972) The Normal, and the Perils of the Sylleptic Argument. Perspect. Biol. Med. 15, pp. 566-582.

75. Murphy, E.A. (1973) The Normal. Am. J. Epidemiol. 98, pp.403-411.

76. Murphy, E.A. (1976) The Logic of Medicine. Johns Hopkins University Press Baltimore.

77. Murphy, E.A. and H. Abbey (1967) The Normal Range - A Common Misuse. J. Chronic Dis. 20, pp. 79-88.

78. Murphy, R.B. (1948) Non-parametric Tolerance Limits. Ann. Math. Stat. 19, pp. 581-589.

79. Noether, G.E. (1951) On a Connection between Confidence and Tolerance Intervals. Ann. Math. Stat. 22, pp. 603-604.

80. O'Halloran, M.W., J. Studley-Ruxton and M.L. Wellby (1970) A Comparison of Conventionally Derived Normal Ranges with those Obtained from Patients Results. Clin. Chim. Acta 27, p. 35.

81. Owen, D.B. (1962) Handbook of Statistical Tables. Addison-Wesley Publishing Company, Inc.

82. Paulson, E. (1943) A Note on Tolerance Limits. Ann. Math. Stat. 14, pp. 90-93.

83. Peach, P. and S.B. Littauer (1946) A Note on Sampling Inspection. Ann. Math. Stat. 17, pp. 81-84.

84. Pearson, E.S. and H.O. Hartley (1972) Biometrika Tables for Statisticians I,II. Cambridge University Press.

85. Pearson, K. (1934) Tables of the Incomplete Beta-Function. Cambridge University Press.

86. Pequignot, H. (1961) Initation de la Medecine. Masson, Paris.

87. Proschan, F. (1953) Confidence and Tolerance Intervals for the Normal Distribution. J. Am. Stat. Ass. 48, pp. 550-564.

88. Quesenberry, C.P. and M.P. Gessaman (1968) Nonparametric Discrimination Using Tolerance Regions. Ann. Math. Stat. 39, 2, pp. 664-673.

89. Rasch, D. (1976) Einfuehrung in die mathematische Statistik. VEB Deutscher Verlag der Wissenschaften Berlin.

90. Rehpenning, W. (1983) Multivariate Datenbeurteilung. Springer-Verlag Berlin Heidelberg New York Tokyo.

91. Repges, R. (1975) Ein sequentielles nicht-parametrisches Trennverfahren. EDV in Medizin und Biologie 6, 1/2, S. 9-13.

92. Robbins, H. (1944) On Distribution-Free Tolerance Limits in Random Sampling. Ann. Math. Stat. 15, pp. 214-216.

93. Rothschuh, K. (1965) Prinzipien der Medizin. Urban & Schwarzenberg Muenchen.

94. Rueger, B. (1978) Das maximale Signifikanzniveau des Tests: "Lehne H0 ab, wenn k unter n gegebenen Tests zur Ablehnung fuehren". Metrika Vol. 25, Fasc. 3, S. 171-178.

95. Rueger, B. (1981) Scharfe untere und obere Schranken fuer die Wahrscheinlichkeit der Realisation von k unter n Ereignissen. Metrika Vol. 28, Fasc. 2, S. 71-77.

96. Ruemke, C.L. und P.D. Bezemer (1972) Methoden voor de bepaling van normale waarden I & II. Nederlands Tijdschrift voor Geneeskunde 116, pp. 1224-1230, pp. 1559-1568.

97. Saris, N.E. (1979) Provisional Recommendation on the Theory of Reference Values. J. Clin. Chem. Clin. Biochem. 17, pp. 337-339.

98. Schadewald, H. (1977) Grenzen von Gesundheit und Krankheit - historisch gesehen. Med. Welt Bd. 28/Heft 13, pp. 613-619.

99. Scheffé, H. and J.W. Tukey (1944) A Formula for Sample Sizes for Population Tolerance Limits. Ann. Math. Stat. p. 217.

100. Scheffé, H. and J.W. Tukey (1945) Nonparametric Estimation. I. Validation of Order Statistics. Ann. Math. Stat.16,pp.187-192.

101. Schneider, A.J. (1960) Some Thoughts on Normal, or Standard, Values in Clinical Medicine. Pediatrics 26, p. 973.

102. Schulz, F. (1984) Persoenliche Mitteilung.

103. Severo, N.C. and M. Zelen (1960) Normal Approximation to the Chi-squared and Non-central F Probability Functions. Biometrika 47, pp. 411-416.

104. Shapiro, S.S. and M.B. Wilk (1965) An Analysis of Variance Test for Normality (Complete Samples). Biometrika 52, pp. 591-611.

105. Shewhart, W.A. (1931) Economic Control of Quality of Manufactured Product. D. Van Nostrand Company, Princeton, New York.

106. Sitzmann, F.C. (1976) Normalwerte. Hans Marseille Verl. Muenchen.

107. Somerville, P.N. (1958) Tables for Obtaining Non-parametric Tolerance Limits. Ann. Math. Stat. 29, pp. 599-601.

08. Sonnemann, E. (1981) Tests zum multiplen Niveau alpha. Biom. Seminar der Region Oesterreich-Schweiz der Internat. Biom. Gesellschaft in Bad Ischl, 28.9.-2.10.1981.

09. Sonnemann, E. (1982) Allgemeine Loesung multipler Testprobleme. EDV in Med. und Biol. 13, Heft 4, pp. 120-128.

10. Stummel, F. und K. Hainer (1971) Praktische Mathematik. Teubner-Verlag Stuttgart.

11. Sunderman, F.W. (1975) Current Concepts of "Normal Values", "Reference Values" and "Diskrimination Values" in Clinical Chemistry. Clin. Chem. 21, pp. 1873-1877.

12. Tatsuoka, M.M. (1971) Multivariate Analysis: Techniques for Educational and Psychological Research. John Wiley Inc. New York.

13. Tautu, P. and G. Wagner (1978) The Process of Medical Diagnosis: Routes of Mathematical Investigations. Meth. Inform. Med. 17, pp. 1 - 10.

14. Thompson, C.M. (1941) Tables of Percentage Points of the Incomplete Beta-Function. Biometrika 32, II, pp. 151-181.

15. Thompson, W.R. (1936) On Confidence Ranges for the Median and Other Expectation Distributions for Populations of Unknown Distribution Form. Ann. Math. Stat. 7, pp. 122-128.

16. Thompson, W.R. (1938) Biological Applications of Normal Range and Associated Significance Tests in Ignorance of Original Distribution Forms. Ann. Math. Stat. 9, pp. 281-287.

17. Tukey, J.W. (1947) Nonparametric Estimation II: Statistically Equivalent Blocks and Tolerance Limits - the Continuous Case. Ann. Math. Stat. 18, pp. 529-539.

18. Tukey, J.W. (1948) Nonparametric Estimation III: Statistically Equivalent Blocks and Tolerance Limits - the Discontinuous Case. Ann. Math. Stat. 19, pp. 30-39.

119. Vogel, T. (1976) Die Bedeutung der Diskriminanzanalyse bei mehrdimensionalen Normbereichsuntersuchungen- dargestellt am Beispiel des Luftencephalogramms. Aus: H.J. Bochnik und W. Pittrich (Hrsg.): Multifaktorielle Probleme in der Medizin. Akademische Verlagsgesellschaft Wiesbaden.

120. Wagner, G., P. Tautu and U. Wolber (1978) Problems of Medical Diagnosis. Meth. Inform. Med. 17, pp. 55-74.

121. Wald, A. (1942) Setting of Tolerance Limits When the Sample is Large. Ann. Math. Stat. 13, pp. 389-399.

122. Wald, A. (1943) An Extension of Wilks' Method for Setting Tolerance Limits. Ann. Math. Stat. 14, pp. 45-55.

123. Wald, A. and J. Wolfowitz (1946) Tolerance Limits for a Normal Distribution. Ann. Math. Stat. 27, pp. 208-215.

124. Walter, E. (1975) Biomathematik fuer Mediziner. Teubner Stuttgart.

125. Wernecke, K.-D., and G. Kalb (1983) Further Results in Estimating the Classification Error in Discriminance Analysis. Biom. J. 25, pp. 247-258.

126. Wilks, S.S. (1941) Determination of Sample Sizes for Setting Tolerance Limits. Ann. Math. Stat. 12, 91-96.

127. Wilks, S.S. (1942) Statistical Prediction With Special Reference to the Problem of Tolerance Limits. Ann. Math. Stat. 13, pp. 400-409.

128. Wilks, S.S. (1962) Mathematical Statistics. John Wiley.

129. Witte, E.H. (1980) Signifikanztests und statistische Inferenz. Enke-Verlag Stuttgart.

130. Witting, H. (1974) Mathematische Statistik. Teubner Stuttgart.